pH 振荡反应

杨 珊 著

科学出版社
北京

内 容 简 介

化学振荡是一种规律的周期性现象，其在分析化学、生命科学、生物学、仿生学、临床医学、环境保护和食品检测等众多领域都具有广阔的应用前景。作为化学振荡中重要的一类，pH 振荡由于 pH 变化的普遍性而受到广泛关注。本书系统的阐述了 pH 振荡的研究现状、研究方法、影响因素以及发展前景，以丰富的研究实例，为拓展 pH 振荡研究思路提供了理论和实验支撑，为研究其他化学振荡提供了方法及参考。

本书可作为非线性化学和化学振荡等领域的技术人员和高等院校相关专业师生的参考书。

图书在版编目(CIP)数据

pH 振荡反应/杨珊著. —北京：科学出版社，2016.3
ISBN 978-7-03-047670-8

Ⅰ.①pH… Ⅱ.①杨… Ⅲ.①化学振荡 Ⅳ.①O4

中国版本图书馆 CIP 数据核字(2016)第 049563 号

责任编辑：祝 洁 杨 丹／责任校对：张林红
责任印制：徐晓晨／封面设计：红叶图文

科学出版社 出版
北京东黄城根北街 16 号
邮政编码：100717
http://www.sciencep.com

北京九州迅驰传媒文化有限公司 印刷
科学出版社发行 各地新华书店经销

*

2016 年 3 月第 一 版　开本：720×1000 B5
2018 年 1 月第四次印刷　印张：8 1/8
字数：141 000

定价：85.00 元
(如有印装质量问题，我社负责调换)

序

化学振荡反应最早是由美国科学家 Bray 在 1921 年发现的，但依据经典热力学第二定律，当时人们无法解释其产生的原因，也并未重视，其研究在很长时间被人们冷落。1952 年，英国数学家图灵通过数学计算的方法，在理论上预见了化学振荡这类现象的可能性。自 1958 年苏联化学家别洛索夫(Belousov)和扎鲍廷斯基(Zhabotinsky)首次报道了金属铈催化溴酸钾氧化柠檬酸的体系呈现化学振荡现象(后称为 B-Z 反应)以来，化学振荡反应才得到关注。尤其是 20 世纪 60 年代，普利高津(Ilya Prigogine)领导的布鲁塞尔学派在非线性非平衡态热力学研究中取得重大突破，提出了著名的耗散结构理论，该理论的建立为振荡反应提供了理论基础，从此振荡反应赢得了广泛关注，其研究得到迅速发展。20 世纪 80 年代初，我国物理化学家赵学庄在国内率先开展了化学振荡反应的研究。至 90 年代末，我国在有关化学振荡反应新体系及应用、非线性化学及反应动力学研究得到了迅速发展。与过去相比，尽管目前这方面的研究不甚引人注目，但就复杂体系研究而言，化学振荡反应仍不失其重要的理论与应用价值。2007 年诺贝尔化学奖获得者埃特尔教授在表面科学和合成氨反应研究中发现的 Pt(110) 表面 CO 氧化反应过程中 CO 分压、CO_2 生成速率和 Pt(110) 表面功函数的振荡行为，无论深度还是广度都极大地加深了人们对固体表面反应动力学的理解，显示了化学振荡研究的理论价值及必要性，揭示了化学振荡反应在理论和应用上仍存在许多值得研究的课题。

国内尽管有关化学振荡反应研究论文较多，但尚未见到相关专著出版。该书作者结合自身研究成果，以 pH 振荡反应为例，系统阐述了其基本原理和基本方法，并引入了最新研究成果以及未来发展趋势等相关内容。该书对从事非线性化学研究尤其是 pH 振荡研究的相关人员，具有积极的指导与借鉴意义。

胡道道
2015 年 8 月于陕西师范大学

前　言

周期性现象广泛存在于自然界，其发生在远离平衡态的非线性体系中，化学振荡便是一种规律的非线性化学现象。化学振荡在分析化学、生命科学、生物学、仿生学、临床医学、环境保护、食品检测等众多领域都具有广阔的应用前景。由于 pH 变化具有普遍性且容易检测，pH 振荡已成为化学振荡研究中的一个热点，其在化学、医学、生命科学以及自动化等领域都具有广阔的应用前景。将 pH 振荡与 pH 敏感的物种关联，可用于模拟和解释生命体中的某些复杂过程的机理，也可用于制备自振荡高分子等新颖的化学机械装置，因此 pH 振荡具有极高的研究价值。

一直以来，关于化学振荡的研究报道很多，然而将最新研究成果整理出书的极少，而关于 pH 振荡的书籍则未见出版。本书是在查阅大量国内外文献的基础上整理而成的，介绍了 pH 振荡反应及作者近几年的科研成果。全书分为 6 章，第 1 章综述了非线性化学现象和化学振荡的研究简史、发生条件、分类及应用，并详细介绍了经典的 B-Z 反应的分类、振荡机理、反应装置及振荡影响因素；第 2 章详述了已见报道的 pH 振荡的反应体系、振荡机理、应用以及振荡的发生装置等；第 3 章以 $BrO_3^- $-$SO_3^{2-}$-$Fe(CN)_6^{4-}$(BSF)体系为例，介绍影响 pH 振荡反应行为的物理因素；第 4 章以 BSF 体系为例，介绍影响 pH 振荡反应行为的化学因素；第 5 章以 BSF 体系与 EDTA、CaEDTA 的络合为例，介绍 pH 振荡与快速平衡的耦联；第 6 章针对 pH 振荡研究中存在的问题，对 pH 振荡的未来发展前景进行了展望。

本书由渭南师范学院自然科学学术专著出版基金支持出版。书中所列的个人研究成果在完成过程中得到了陕西省自然科学基金(2013JQ2021)和渭南师范学院自然科学项目(13YKS004，15YKF004)的经费资助，大部分的研究内容系在陕西师范大学做博士后期间的研究工作。本书在完成过程中得到了陕西师范大学胡道道教授的悉心指导和课题组同仁的无私帮助，同时获得了渭南师范学院焦更生教授和王志平副教授的鼎力支持。对于在本书的编写和出版过程中给予过大力支持和帮助的个人和学校，在此一并致以衷心的感谢！

由于本书涉及内容广泛，限于作者的知识水平、资料收集程度以及时间等方面的原因，书中难免有不足和疏漏之处，敬请读者批评指正。

作　者
2015年9月于渭南师范学院

目 录

序
前言
第1章 化学振荡概述 ·· 1
  1.1 振荡现象 ··· 1
  1.2 化学振荡研究简史 ·· 1
    1.2.1 非线性化学现象 ··· 1
    1.2.2 化学振荡的发展简史 ··· 3
    1.2.3 化学振荡发生的条件 ··· 4
  1.3 化学振荡的分类 ·· 5
    1.3.1 B-Z振荡反应 ··· 6
    1.3.2 铜催化振荡体系 ··· 10
    1.3.3 B-L振荡体系 ··· 11
    1.3.4 B-R振荡体系 ··· 11
    1.3.5 P-O振荡体系 ··· 12
    1.3.6 液膜振荡器 ··· 12
    1.3.7 pH振荡体系 ·· 13
  1.4 化学振荡的应用 ·· 13
    1.4.1 在分析检测中的应用 ··· 13
    1.4.2 在研究生命现象中的应用 ··· 16
    1.4.3 在智能材料中的应用 ··· 16
  参考文献 ··· 21
第2章 pH振荡概述 ·· 26
  2.1 pH振荡体系 ··· 26
  2.2 pH振荡机理 ··· 29
    2.2.1 单底物pH振荡器 ··· 29

2.2.2　双底物 pH 振荡器 ··· 31
　　　2.2.3　特殊 pH 振荡器 ··· 33
　2.3　pH 振荡的应用 ·· 33
　　　2.3.1　pH 振荡诱导产生元素振荡 ·· 33
　　　2.3.2　pH 振荡作为驱动体系 ··· 35
　2.4　pH 振荡装置 ·· 38
　　　2.4.1　CSTR 装置 ·· 38
　　　2.4.2　实验方法 ··· 42
　参考文献 ·· 43

第 3 章　物理因素对 pH 振荡的影响　48
　3.1　表观活化能的测试 ·· 48
　3.2　各物理因素对 pH 振荡行为的影响 ·· 50
　　　3.2.1　温度对 pH 振荡行为的影响 ·· 51
　　　3.2.2　流速对 pH 振荡行为的影响 ·· 52
　　　3.2.3　搅拌速率对 pH 振荡行为的影响 ·· 54
　　　3.2.4　进样方式对 pH 振荡行为的影响 ·· 56
　　　3.2.5　其他因素对 pH 振荡行为的影响 ·· 56
　参考文献 ·· 57

第 4 章　化学因素对 pH 振荡的影响　59
　4.1　研究方法 ··· 59
　4.2　酸类物质对 pH 振荡的影响 ·· 60
　　　4.2.1　硫酸 ·· 60
　　　4.2.2　盐酸 ·· 62
　　　4.2.3　磷酸 ·· 63
　　　4.2.4　维生素 C ·· 66
　　　4.2.5　柠檬酸 ·· 68
　　　4.2.6　丙烯酸 ·· 71
　　　4.2.7　乙酸 ·· 73
　　　4.2.8　草酸 ·· 75
　4.3　有机弱酸盐对 pH 振荡的影响 ·· 78

4.3.1 苯甲酸钠 ··· 78
4.3.2 山梨酸钾 ··· 80
4.3.3 乙酸钠 ·· 82
4.4 碱类物质对 pH 振荡的影响 ··· 84
4.4.1 三聚氰胺 ··· 84
4.4.2 氨水 ·· 86
4.4.3 氢氧化钠 ··· 88
4.5 无机盐对 pH 振荡的影响 ··· 89
4.5.1 氯化钠 ·· 89
4.5.2 氯化钾 ·· 91
4.5.3 氯化镁 ·· 92
4.5.4 氯化钙 ·· 93
4.5.5 氯化铵 ·· 95
4.5.6 氯化铝 ·· 96
参考文献 ·· 100

第 5 章 pH 振荡与快速平衡反应的耦联 ··· 102
5.1 研究方法 ··· 103
5.2 EDTA 对 pH 振荡的影响 ··· 103
5.3 CaEDTA 对 pH 振荡的影响 ··· 106
5.4 BSF-CaEDTA 体系的 pH 振荡和 Ca^{2+} 振荡 ······························ 108
5.5 KCl 对 BSF-CaEDTA 体系 pH 振荡和 Ca^{2+} 振荡的影响 ············· 112
参考文献 ·· 114

第 6 章 pH 振荡的发展前景 ·· 116
参考文献 ·· 117

附录：研究者传记 ·· 119

第 1 章 化学振荡概述

1.1 振荡现象

振荡现象属于周期现象范畴,而周期现象在自然界非常普遍。通常,周期现象是指一种模式在时间和/或空间上重复性地出现的现象[1]。例如,昼夜更替、月圆月亏、潮汐、四季更替、生物节律和钟摆等。这些现象的发生是源于周期性的物理变化或周期性的化学变化。周期行为发生在远离平衡态的非线性体系(non-linear systems)中。

生物体处于远离平衡的状态,因此出现生物节律、空间有序结构,从单细胞到多细胞生物组织的各个层面均能看到生物节律现象[2]。生物节律现象的实质就是生物体内反馈过程产生的化学振荡[3]。表 1-1 列出了生物体内可见的重要的生物节律,这些周期性的性质都起到维持及延续生命的重要作用。

表 1-1 一些重要的生物节律 (或生物振荡)[2,3]

振荡类型	周期
神经节律	0.01~10s
心脏跳动	1s
钙振荡	1s 至数分钟
糖分解振荡	几分钟
生物化学振荡	1~20min
细胞分裂周期	10min~24h (甚至更长)
激素的节律	10min 至数小时
24h 的节律	24h
人类排卵周期	28d
植物的年节律	1a
免疫学与生态学的振荡	数年

1.2 化学振荡研究简史

1.2.1 非线性化学现象

大量实验研究表明,当化学反应系统处于远离平衡的条件下,由于反应系统中的各种非线性过程的作用，呈现出极其丰富的动力学行为，如化学振荡、多重定态和化学滞后现象、Turing 空间有序现象、化学波、化学混沌和随机共振等（图 1-1）。通常，把化学反应体系的各种时空有序结构称为非平衡非线性化学现象，简称为非线性化学现象[4]。

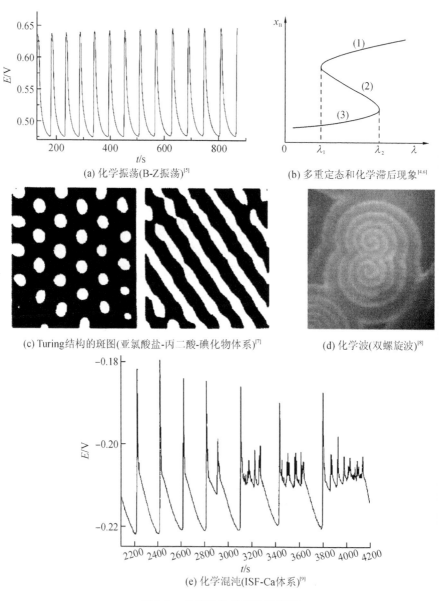

图 1-1 非线性化学现象示意图

化学振荡（chemical oscillation）广泛存在于化学系统和生物化学系统中[4]。

所谓化学振荡，是指反应体系中某些状态量（如物质的浓度、反应温度、颜色、表面张力、电极电位、压力、热效应等）随时间、空间的变化而发生周期性变化的现象[5,9-11][图 1-1(a)]，属于远离平衡态下体系出现的一种时空有序的自组织现象。例如，经典的 B-Z 振荡体系"溴酸盐-柠檬酸-Ce^{4+}"的颜色在淡黄色（Ce^{4+}）和无色（Ce^{3+}）之间周期性变化，同时，体系中[Ce^{4+}]/[Ce^{3+}]和[Br^-]离子浓度随着时间呈现周期行为，体系的电极电位也周期性变化[4]。

混沌（chaos）是确定性系统所产生的随机行为。化学混沌是指化学反应系统中某些组分的宏观浓度不规则地随时间变化的现象，这种不规则性并非由实验条件的不确定性或测量仪器的不准确性造成的，而完全是由系统内部反应动力学机理所决定的[4]。在 B-Z 反应、电化学反应、表面催化反应和生化反应等许多系统的实验中都发现了化学混沌。

定态是指不随时间变化的极限状态。在某些特定条件下，化学反应体系的极限状态可以是非唯一的，即在恒定的外界条件下，决定于初始条件的不同，反应体系可以发展到几种不同的不随时间变化的状态，该现象即为化学反应体系的多重定态现象[4]。该现象只能发生在特定的反应体系和特定的控制条件下。

Turing 结构是化学反应系统中组分浓度不随时间变化，但在空间分布上周期变化的现象，或称其为空间有序现象。

化学波是化学反应系统中组分浓度在空间分布的花样随时间而变化的波动现象，即化学波是兼具空间有序和时间有序的时空有序结构[4]。在均相和非均相化学反应系统的实验上都发现了各种类型的化学波，如孤波、脉冲波、靶环波和螺旋波等[4,8]。

1.2.2　化学振荡的发展简史

20 世纪初，各种有趣的现象被陆续发现，其中之一就是化学振荡现象。早在 1921 年，美国科学家 Bray 在用 H_2O_2、IO_3^- 和 $CH_2(COOH)_2$（以 H_2SO_4 为介质，以 $MnSO_4$ 为催化剂）进行反应时，就发现系统中 I_2 的浓度及 Mn(Ⅱ)的浓度随时间呈周期性变化，这是人们首次在均相系统中发现化学振荡反应[10]。20 世纪五六十年代，苏联化学家 Belousov 和 Zhabotinsky 偶然发现溴酸盐在酸性介质中氧化丙烯酸、柠檬酸时产生的颜色随时间变化的振荡现象，后人为纪念该反应将其称为 Belousov-Zhabotinsky 反应，简称 B-Z 反应或 B-Z 振荡[3]。在一定时间内,在远离平衡态的体系中虽然可以观察到振荡现象以及其他的周期性行为,但由于振荡现象违背了热力学第二定律(处于非平衡态的孤立体系的熵随着时间的延长而增大,在达到平衡时达到最大值),所以在当时未得到科学界的认可[3]。直到1972年,Field等以化学动力学和热力学的原理为基础对B-Z反应进行了定量的解释,提出了化学体系中存在振荡的有力证据[3],此后,各种化学振荡反应才得到广泛的关注和研究。20世纪80年代初,系统设计新型化学振荡器的理论算法的发展刺激了化学振荡的迅速发展,目前化学振荡已成为化学、物理和生物领域共同关注的一个方向[4,9,12]。

国内对化学振荡的研究始于20世纪80年代初,率先开展研究的是物理化学家赵学庄,主要从事化学振荡新体系、化学混沌特性及其控制方面的研究。到90年代,有关化学振荡反应新体系及应用、非线性化学及反应动力学研究在国内才逐渐得到迅速发展。

1.2.3 化学振荡发生的条件

化学振荡反应是一个涉及多种化学物质且充满相互竞争的复杂反应体系,振荡现象是体系在特殊条件下所发生的现象[13]。参与化学振荡的物质可被分为反应物(reactants)、产物(products)、中间产物(intermediates)。通常,在化学反应中,反应物浓度不断降低,产物浓度不断增加,中间产物浓度相对较低且接近伪稳态(pseudo-steady-state)的恒定值,中间产物的生成速率本质上等于其破坏速率。在化学振荡反应中,反应物的浓度仍然降低,产物的浓度仍然增大,但是中间产物或催化剂的浓度则振荡(有时可达几个数量级,如经典B-Z振荡的中间产物[Br^-]在$10^{-11} \sim 10^{-6}$ mol/L振荡),该关系见图1-2[13]。中间产物和催化剂物种浓度的振荡由整个反应自由能的单调降低驱动。除了简单振荡之外,化学振荡反应还可能出现许多相关的非线性化学现象,包括多稳态、滞后、行波、混沌等[13]。

$$A+B+\cdots \rightleftharpoons X, Y, \cdots \rightleftharpoons P+Q+\cdots$$

反应物消失　　　中间产物或者　　　产物出现
　　　　　　　　达到稳态或者振荡
　　　　　　　　整体驱动化学反应

图1-2 化学振荡反应过程图示[13]

经过众多科学家的共同努力,根据Prigogine等的学说,产生化学振荡需要

满足4个条件[14,15]:

(1) 开放体系。孤立体系与环境既没有能量也没有物质交换,是熵增加的不可逆过程;封闭体系(closed system or batch system)与环境只有能量交换没有物质交换,在其中产生的振荡会随时间衰减直至消失,体系最终达到热力学平衡态。开放体系(open system)的能量与物质均可与环境交换,因而要产生持续稳定的振荡,必须在不断补充反应物的开放体系中进行。

(2) 远离热力学平衡态。当体系处于平衡态或近平衡态时,自发过程总是导致系统熵增加,所以系统不可能产生有序的结构,即不可能出现化学振荡。由于化学振荡是一种时空有序的自组织现象,只有远离平衡态时,体系才具有足够的反应推动力,才可能实现从无序自发地转化为有序,从而产生化学振荡。

(3) 存在反馈。即构成体系的反应通过两个过程——正反馈(positive feedback)和负反馈(negative feedback)将体系输出的信号再输入到体系中。为了产生振荡现象,在整个反应序列中,至少有一步的产物对它本身或前面某步反应物的生成速度产生加速或抑制的影响,即在反应序列中应该有一封闭的反馈环存在。

(4) 存在双稳态。化学振荡是和失稳现象相联系的,一个振荡反应体系往往具有双稳态或多重定态。化学振荡通常在两个稳定态(steady states)之间跃迁。这里所谓的稳定态是指所有外部参数都达到恒定值,并且在参数发生微小变化后仍能恢复原状态而不转变成一个新的状态。也就是说,在称之为约束的一组相同的外部条件下,该体系能够在两种不同的稳态中存在或具有多重定态。

1.3 化学振荡的分类

目前已见报道的化学振荡器有200多种[16]。按照反应所处的相态,可分为[17]:液相、固相和气相中的化学振荡;按照反应物所处相态的均一性,可分为:均相化学振荡和非均相化学振荡;按照化学组成的相似性,可将体系分为[16]:溴酸盐振荡器、亚氯酸盐振荡器、亚溴酸盐振荡器、氧振荡器、硫振荡器、Cu(Ⅱ)催化振荡器、Mn振荡器和pH振荡器等;按照组成和反应机理的不同,可将体系分为[16,18]:B-Z振荡器、B-L振荡器、B-R振荡器、铜催化振荡器、液膜振荡器、P-O振荡器以及pH振荡器等。

1.3.1 B-Z 振荡反应

B-Z 反应是最受人们重视并且被广泛、深入研究的化学振荡。B-Z 反应是指溴酸盐在酸性介质中氧化有机酸、酮或酯等一类含有活泼亚甲基化合物的化学振荡反应[15]。B-Z 反应在酸性介质中进行，除常用 H_2SO_4 外，HNO_3 和 H_3PO_4 等均可使用，由于 Cl^- 对振荡反应有强烈的抑制作用，因此 B-Z 振荡不能采用 HCl 作酸性介质。B-Z 反应关键组分是催化剂和有机物，酚和胺也可以作为有机底物；B-Z 反应中会产生 $HBrO_2$，它是反应中的自催化组分。实践证明，凡是 $M^{(n+1)+} + e \longrightarrow M^{n+}$ 电极电位在 1.51～1.00eV 的金属离子均可作为 B-Z 振荡体系的催化剂，即使某些金属离子不能达到此条件，但其某种络合物若能达到此条件也可以作为振荡体系的催化剂[19]。几乎所有的过渡金属（或络合物）都可用作 B-Z 振荡体系的催化剂，必要条件是金属离子必须要有 2 个稳定的氧化态，且只能转移一个电子。目前常用的催化剂电对有 Ce^{III}/Ce^{IV}（1.44eV），Mn^{II}/Mn^{III}（1.49eV），$Ru(bpy)_3^{2+}/Ru(bpy)_3^{3+}$ 以及 $Fe(C_{12}H_8N_2)_3^{2+}/Fe(C_{12}H_8N_2)_3^{3+}$（1.06eV）等[19]。还原剂的电极电位应在 1.0eV 以下，一些具有活泼亚甲基的含氧有机化合物恰好符合此条件，如丙二酸、溴化丙二酸、马来酸、苹果酸、酒石酸、柠檬酸、乙酰丙酮、乙酰乙酯等，脂肪族多元羧酸和多元酮及酯都可以作为 B-Z 反应的有机底物，但草酸、丙醇二酸、琥珀酸却不能参与振荡[19]。

1. 分类

按照反应类型可将 B-Z 振荡反应分为五类[20]：①经典 B-Z 振荡反应，指具有金属催化剂的溴酸盐振荡器，表达式为 BrO_3^--Org-M^{n+}-H^+；②非催化 B-Z 振荡反应，是指在没有金属离子催化剂存在时仍可以发生振荡的反应，表达式为 BrO_3^--Org-H^+；③耦合催化 B-Z 振荡，表达式为 BrO_3^--Org-M_1-M_2-H^+，即必须在两种金属离子催化[如 Mn^{2+}-$Fe(phen)_3^{2+}$]存在下才能够产生振荡反应，此处 Org 通常指氨基酸及其衍生物，包括多肽和蛋白质；④双底物 B-Z 振荡，也称复合底物 B-Z 振荡，表达式为 BrO_3^--Org_1-Org_2-M^{n+}-H^+，是当有机底物难以发生溴代反应时，则可以加入溴代剂（如丙酮）去除过量 Br_2 才能观察到振荡，例如：乳酸-丙酮-溴酸钾-Mn^{2+}-硫酸、氟离子-乳酸-丙酮-溴酸钾-Mn^{2+}-硫酸、对氨基苯磺酸-$KBrO_3$-H_2SO_4-丙酮-$Fe(phen)_3^{2+}$ 等体系[21]；⑤异相 B-Z 振荡，是指振荡体系为非均相体系,一般为固液相体系或液气相体系,此类报道很少。

2. 机理

对 B-Z 振荡反应机理的研究始于 20 世纪 70 年代,目前普遍为众人所接受的是 1972 年由 Field、Körös 和 Noyes 提出的 FKN 模型[22]。该模型机理不仅解释了 B-Z 振荡,提出了振荡反应研究的化学和理论基础,同时还阐明了水中 BrO_3^-、$BrO_2·$、$HBrO_2$、$HOBr$、Br_2 和 Br^- 的化学反应[13]。FKN 机理基于 B-Z 反应中存在两组本质上互不反应的反应——过程 A 和过程 B,它们由第 3 组反应——过程 C 耦联并由控制反应体系在过程 A 和过程 B 之间交替进行。Br^- 是关键的中间产物,它的浓度决定是按过程 A(高[Br^-])进行还是按过程 B(低[Br^-])进行。

过程 A

$$Br^- + BrO_3^- + 2H^+ \rightleftharpoons HBrO_2 + HOBr \tag{1-1}$$

$$Br^- + HBrO_2 + H^+ \longrightarrow 2HOBr \tag{1-2}$$

$$3(Br^- + HOBr + H^+ \rightleftharpoons Br_2 + H_2O) \tag{1-3}$$

$$5Br^- + BrO_3^- + 6H^+ \longrightarrow 3Br_2 + 3H_2O \tag{1-4}$$

$$3(Br_2 + CH_2(COOH)_2 \longrightarrow BrCH(COOH)_2 + Br^- + H^+) \tag{1-5}$$

$$2Br^- + BrO_3^- + 3CH_2(COOH)_2 + 3H^+ \longrightarrow 3BrCH(COOH)_2 + 3H_2O \tag{1-6}$$

当[Br^-]高且催化剂以 Ce(Ⅲ)为主时,过程 A 占主导。过程 A 的净效果[式(1-6)是式(1-1)~式(1-3)和式(1-5)的总和]是 Br^- 的消耗和 $BrCH(COOH)_2$ 的生成。过程 A 涉及的皆为非自由基物种,且不涉及催化剂铈离子的氧化过程,即:在过程 A 中 Ce(Ⅲ)不被氧化为 Ce(Ⅳ)。这是由于 Ce(Ⅲ)氧化为 Ce(Ⅳ)的反应为单电子转移过程,但过程 A 中的物种皆为双电子的氧原子转移的氧化剂。过程 A 中式(1-1)生成的 $HBrO_2$ 由式(1-2)消耗,使之达到伪稳态的低浓度(约 10^{-8} mol/L)[13]。

当过程 A 消耗 Br^- 至足够低时,$HBrO_2$ 将会参与式(1-7)的反应,并与方程式(1-2)竞争,式(1-7)启动了过程 B。物种 $BrO_2·$ 是单电子氧化剂。计量方程式(1-9)是式(1-7)和式(1-8)的和,它是 $HBrO_2$ 的自催化过程,即:每一分子的 $HBrO_2$ 反应生成两个 $HBrO_2$ 分子。因此,当[Br^-]降低到一定值时,过程 B 占主导,[$HBrO_2$]以指数式增长到新的伪稳态。[$HBrO_2$]按式(1-9)生成,按式(1-10)消耗，同时[Br^-]按式(1-2)降到非常低。过程 B 中 $HBrO_2$ 在伪稳态的浓度约 10^{-6} mol/L，Ce(Ⅲ)按照计量方程式(1-11)被氧化为 Ce(Ⅳ)。过程 B 替代过程 A 占主导时的自催化过程是振荡反应被普遍接受的特点。过程 A 和过程 B 共同代表已知振荡反应中常见的一类双稳态。在封闭反应器中，B-Z 反应不存在真正的稳态，而在连续流动搅拌反应器中则存在真正的稳态[13]。

过程 B

$$HBrO_2 + BrO_3^- + H^+ \rightleftharpoons BrO_2\cdot + H_2O \tag{1-7}$$

$$2(BrO_2\cdot + Ce(Ⅲ) + H^+ \rightleftharpoons Ce(Ⅳ) + HBrO_2) \tag{1-8}$$

$$HBrO_2 + BrO_3^- + 3H^+ + 2Ce(Ⅲ) \rightleftharpoons 2Ce(Ⅳ) + 2HBrO_2 + H_2O \tag{1-9}$$

$$HBrO_2 + HBrO_2 \longrightarrow HOBr + BrO_3^- \tag{1-10}$$

$$BrO_3^- + 4Ce(Ⅲ) + 5H^+ \rightleftharpoons 4Ce(Ⅳ) + HOBr + 2H_2O \tag{1-11}$$

$$[(1-11) = 2\times(1-9) + (1-10)]$$

Br^- 的消耗必然导致过程 A 转向过程 B，而要产生振荡则必须终止过程 B，即：再重返过程 A 控制体系的状态，同时需要通过 Ce(Ⅳ)被还原为 Ce(Ⅲ)来重置体系。该重置体系的任务由过程 C 担任。过程 C 远非过程 A 和过程 B 那样容易理解，故此仅用净的计量方程式(1-12)代表其过程。当 Ce(Ⅳ)和 HOBr 积累到一定量，过程 C 才启动，其生成的 Br^- 则是过程 B 的抑制剂，如此便完成了滞后的负反馈环节。过程 C 同时也将还原 Ce(Ⅳ)为 Ce(Ⅲ)，为下一个振荡重启过程 B 做准备。过程 C 中 Ce(Ⅳ)与 $CH_2(COOH)_2$ 和 $BrCH(COOH)_2$ 反应会产生自由基，如 $\cdot CH(COOH)_2$，该自由基会催化式(1-13)和式(1-14)产生更多的 Br^- 和 CO_2。过程 C 的主要特点是以过程 B 的主要产物 HOBr 和 Ce(Ⅳ)为原料产生 Br^-[13]。

过程 C

$$4Ce(Ⅳ) + 3CH_2(COOH)_2 + BrCH(COOH)_2 + HOBr + 3H_2O \longrightarrow$$
$$4Ce(Ⅲ) + 2Br^- + 4HOCH(COOH)_2 + 6H^+ \tag{1-12}$$

$$BrO_3^- + 3HOCH(COOH)_2 \longrightarrow 3CO_2 + Br^- + 2H_2O \tag{1-13}$$

$$4BrO_3^- + 3CH_2(COOH)_2 \longrightarrow 4Br^- + 9CO_2 + 6H_2O \tag{1-14}$$

简而言之，过程 A、B、C 合起来构成一个反应的振荡周期，过程 A 消耗 Br^-，过程 B 是一个自催化过程，过程 C 生成 Br^-，整个过程以丙二酸的消耗为代价，重新获得 Br^- 和 Ce^{3+}，使反应得以再次启动，Br^- 为控制过程 A 和 B 切换的开关[23]。当体系中[Br^-]足够大时，反应按过程 A 进行，并使[Br^-]减小，当[Br^-]达到最低临界浓度时，过程 B 开始反应，最后通过过程 C 实现 Br^- 的再生；催化剂铈离子催化过程 B 和 C 的进行[5]。B-Z 反应的阻化剂是 Br^- 或紫外线。该反应的总净计量式如式(1-15)所示[13]：

$$2H^+ + 2BrO_3^- + 3CH_2(COOH)_2 \longrightarrow 2BrCH(COOH)_2 + 4H_2O + 3CO_2 \quad (1-15)$$

式(1-15)是过程 A、B、C 的和，即：$7 \times (1-15) = 5 \times (1-6) + (1-11) + (1-12) + 4 \times (1-13) + (1-14)$。反应中 BrO_3^- 与 $CH_2(COOH)_2$ 只消耗不再生，发生振荡的是反应中间体 Br^- 和铈离子的变价。在多数情况下 $BrCH(COOH)_2$ 必须积累到一定量才能启动振荡，这也是 B-Z 振荡有诱导期的原因，但在反应中加入一定量的 $BrCH(COOH)_2$ 会缩短甚至消除诱导期[13]。然而，B-Z 振荡反应也具有一切化学反应的共性：随着反应的进行，BrO_3^- 与 $CH_2(COOH)_2$ 随时间单调下降，从而提供了 Br^- 与 Ce^{4+}/Ce^{3+} 振荡所需的自由能。若体系中还原剂的浓度增大，如果糖、VC、葡萄糖等有机还原性底物，会导致 BrO_3^- 被氧化生成 Br^-，[Br^-]增大，从而振荡的诱导期和周期都增长[24,25]。

B-Z 反应的发现虽偶然，但现在可利用图 1-3 所示的"十字分岔图"（cross-shaped bifurcation figure）系统地设计化学振荡器，具体的方法参见发现者的论文[13,26-29]。

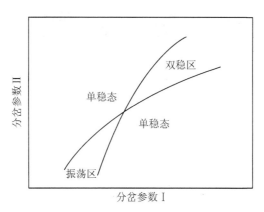

图 1-3 十字分岔图[13]

在 CSTR 条件下，当实验变量（分岔参数，bifurcation parameter）如 k_0 或反应物浓度变化时，分岔图用于分隔单稳态（monostability）、双稳态（bistability）以及振荡（oscillation）区域。任何时候一个化学反应的振荡转换机理都可用这样的关系图预期

3. 反应装置及振荡影响因素

在封闭反应器中，体系能量与物质随反应逐渐耗散，最终导致振荡结束，体系也由反应过程中的热力学非平衡态转为热力学平衡态[30]。在封闭体系中，B-Z反应的诱导期很短，而振荡能持续很长时间，但由于没有新的反应物流入，所以振荡为衰减的阻尼振荡[31]。为获得持久不衰减的振荡，以便观察到更丰富的持续振荡行为，就必须使体系远离平衡态，最常用的方法便是在连续流动搅拌反应器(continuous-flow stirred tank reactor, CSTR)中反应，将反应液持续注入反应器中，并导走多余的反应液(图1-4)[31,32]。在CSTR装置中，流速、反应物浓度、搅拌速度和温度都可以作为B-Z振荡反应体系的控制参数，但在某个具体的实验中，一般都是用流速来当作体系的控制参数，而其他条件都相对固定。虽然在CSTR中可产生持续的振荡，但可能由于反应装置相对于封闭体系复杂，目前绝大多数关于B-Z振荡的研究都在封闭体系中进行，在CSTR中进行的研究相对较少[24,31,33,34]。

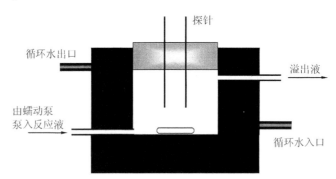

图1-4 连续流动搅拌反应器示意图[31]

研究和测定B-Z反应的振荡现象可采用电位法、吸光度法、量热法等[23,35]。影响B-Z振荡是否发生以及振荡图谱的特征参数(如诱导期、振荡周期、振幅、振荡持续时间等)的因素有体系组成[23]、反应物的浓度[36,37]、温度[36,37]、搅拌[36]、CSTR的进样流速[33]、光照[34]、气流[38]以及其他干扰物质(如离子、表面活性剂、还原性有机物质[24,39,40])等。

1.3.2 铜催化振荡体系

铜催化振荡体系是Cu(Ⅱ)作为催化剂的一些振荡反应。例如，$CuSO_4$-H_2O_2-

$Na_2S_2O_3$-KSCN[15]、H_2O_2-KSCN-NaOH-Cu(Ⅱ)[41,42]、Cu(Ⅱ)-$K_2S_2O_8$-$Na_2S_2O_3$[43]、Cu(Ⅱ)-H_2O_2-$S_2O_3^{2-}$[44]等体系。在 $CuSO_4$-H_2O_2-$Na_2S_2O_3$-KSCN 体系中，pH、Pt 电极电位及铜离子选择电极的电位都可呈现振荡行为；在 Cu(Ⅱ)-$K_2S_2O_8$-$Na_2S_2O_3$ 体系中，pH 和氧气的浓度呈周期性振荡行为。对铜体系研究最多的是在强碱性溶液中 Cu(Ⅱ)催化 H_2O_2 氧化 KSCN 的反应，此反应在封闭体系和开放体系中皆可振荡。

1.3.3 B-L 振荡体系

Bray-Liebhafsky 振荡体系(B-L 反应)，是第一个被发现的均相振荡反应体系，指的是在酸性介质中碘酸根离子(IO_3^-)催化分解 H_2O_2 生成 H_2O 和 O_2 的反应[5,15]。B-L 体系中 O_2 的生成速度、碘单质以及 I^- 的浓度都呈周期性变化。B-L 振荡器的基本特点是：H_2O_2 在氧化 I_2 为 IO_3^- 的过程中[自由基机理,式(1-16)]和在还原 IO_3^- 为 I_2 的过程中[非自由基机理,式(1-17)]皆有氧化还原电位[13]。式(1-16)和式(1-17)的总净反应是式(1-18)，它驱动振荡。B-L 振荡的发生是当整个反应的控制在式(1-16)和式(1-17)之间前后转换。

$$5H_2O_2 + I_2 \longrightarrow 2IO_3^- + 2H^+ + H_2O \qquad (1\text{-}16)$$

$$2H_2O_2 + 2IO_3^- + 2H^+ \longrightarrow I_2 + 5O_2 + 6H_2O \qquad (1\text{-}17)$$

$$2H_2O_2 \xrightarrow[\text{催化剂}]{IO_3^-} 2H_2O + O_2 \qquad (1\text{-}18)$$

从反应体系来看，B-L 振荡体系比 B-Z 振荡体系简单，涉及物质更少，但正由于 B-L 体系简单，涉及的变量少，而且其反应产物(氧气)为气体，难于检测与控制，故而其机理比 B-Z 反应的机理更复杂。对 B-L 体系振荡的机理说法不一，至今尚无被普遍接受的机理[5]。

1.3.4 B-R 振荡体系

Briggs-Rauscher 振荡体系(B-R 反应)由两个中学教师发现，是 B-Z 反应和 B-L 反应的结合，即反应物既包含有机物和金属离子催化剂(类似于 B-Z 反应)，又包含 H_2O_2 和 IO_3^-(类似于 B-L 反应)。B-R 反应体系的组成为：H_2O_2-IO_3^--$CH_2(COOH)_2$-$HClO_4$-Mn(Ⅲ)/Mn(Ⅱ)，以淀粉为指示剂，反应发生颜色振荡，体系的颜色在"无色-黄色(I_2)深蓝色(I^--淀粉络合物)-无色"之间振荡，振荡寿命 5～10min[5,13,15,45]。B-R 反应的机理既有自由基过程又有非自由基过程,极类似 B-Z 反应[5,13,15]。

1.3.5　P-O 振荡体系

过氧化物酶-氧化酶(peroxidase-oxidase)生化振荡体系(P-O 反应),是指过氧化物酶催化下 O_2 氧化有机化合物的反应[5,15,17]。此类反应中的有机物一般具有给氢能力,如烟酰胺腺嘌呤二核苷酸(NADH)、二羟基富马酸、丙糖还原酮等[15]。P-O 振荡器种类很多,其主要差异在于催化剂过氧化物酶结构的不同。P-O 振荡研究最多也最典型的反应是 NADH 被 O_2 氧化为 NAD^+ 的反应,该反应随着反应物浓度的不同可观察到双稳态、阻尼振荡以及混沌等一系列非线性行为[2]。由于 P-O 反应是一类非常复杂的生化体系,关于其反应机理的说法不一,迄今为止没有被普遍认可的机理模型[5]。由于该体系最接近生物振荡现象,故而可能最有发展前途。

1.3.6　液膜振荡器

液膜振荡是表面活性剂穿越油水两相界面自发扩散所形成的界面振荡现象。该振荡源于界面膜对扩散的阻碍作用和扩散后被损坏膜的自发修复作用的交替进行[15,17,46]。1978 年,法国的 Dupeyrat 和 Nakache 首次报道了油水界面上的液膜振荡现象[47]。贺占博等[48]研究发现,由表面活性剂-油-水形成的乳液体系存在液膜振荡,该体系的 pH 与电导率振荡可持续十几甚至二十几小时。周莉等[49]研究了碳数为 6、8、10、12、16 的烷烃同系物、烷烃同分异构体以及混合烷烃对"水(十六烷基三甲基溴化铵(CTAB)/正丙醇-水溶液)/油(苦味酸硝基甲烷溶液)/水(葡萄糖水溶液)"体系液膜振荡的影响,结果发现加入不同类型的烷烃对振荡曲线的影响呈现一定规律性变化,以此可进行液膜振荡在烷烃同系物识别与分析中的应用研究。汤皎宁等[50]研究了"水(CTAB)/硝基甲烷(苦味酸)/水(葡萄糖)"体系的液膜振荡,结果发现,开放体系与封闭体系皆可振荡,前者的振荡频率高、振幅小;而且滴加 CTAB 溶液的速率增大,振荡频率增高、振幅减小。液膜振荡器是一种人工神经的有机模型,是人们了解与模拟神经机制的理想工具[15]。

1.3.7 pH 振荡体系

pH 振荡是指 H^+ 驱动的均相化学振荡体系。pH 振荡发生的介质可能为酸性也可能为碱性,pH 既不是振荡的结果也不是指示剂,而是振荡的驱动力。常见的 pH 振荡器如 $IO_3^- \text{-} SO_3^{2-} \text{-} Fe(CN)_6^{4-}$、$BrO_3^- \text{-} SO_3^{2-} \text{-} Fe(CN)_6^{4-}$ 和 $BrO_3^- \text{-} SO_3^{2-} \text{-} Mn^{2+}$ 等。已见报道的 pH 振荡器有 30 余种,有机物参与的体系较少,多为无机物组成的体系,最大振幅可达 6 个 pH 单位。由于 H^+ 在化学和生物过程中普遍存在,这为 pH 振荡的应用提供了最大的希望;另外,由于 pH 变化容易检测,故而 pH 振荡受到重视和广泛的研究[9,18]。然而,与 B-Z 反应既可在封闭条件下也可在 CSTR 条件下产生振荡不同,pH 振荡器必须在 CSTR 或准 CSTR 条件下产生振荡,这为其研究带来不便,更在很大程度上限制了应用研究向实际转化的进程。

1.4 化学振荡的应用

关于化学振荡的研究,主要集中在两个方面:一是理论研究,如振荡体系、振荡行为、机理、动力学及影响因素等[51-53];二是应用研究,如利用化学振荡检测各种物质[5,11,15,19],再如将振荡器与高分子结合以开发智能材料[53,54],以及利用化学振荡解释生命现象等[2]。化学振荡的理论研究在 20 世纪 80 年代到 20 世纪末居多,自 21 世纪起,应用研究逐渐丰富起来。

1.4.1 在分析检测中的应用

化学振荡反应用于分析测试的依据是待测物质干扰反应,即待测物质可以与振荡反应体系中的某个组分发生反应,导致该组分的浓度改变,或者待测物质的加入导致反应速率改变,从而引起振荡反应的诱导期、振幅、周期等发生变化[18,55,56](图 1-5)。通过化学振荡体系控制参数的改变,可以观察到规则振荡、混沌或分岔等现象,将振荡行为的变化作为一种分析检测手段,不仅在化学领域得到了广泛的应用,而且在药物分析、有机物检测、生命科学、环境检测等领域也有广泛的应用前景。化学振荡反应用于分析检测具有简单、便捷、快速以及检测限低等特点[5]。尽管规则振荡、混沌及分岔等化学振荡现象皆可用于分析检测,但由于混沌和分岔方法对实验条件要求高、数据处理复杂,故利用规则的化学振荡进行分析检测的方法被广泛应用[56]。目前,化学振荡在分析检测中的应用主要集中在B-Z振荡体系、铜催化振荡体系和B-R振荡体系中,被测物包括金属离子、阴离子、气体、各种有机物甚至中草药等[57],下面以B-Z振荡为例进行应用介绍。

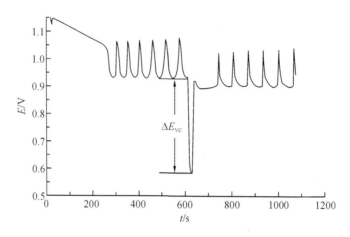

图1-5 维生素C对B-Z振荡的影响[55]

1. 物质的定量分析

化学振荡被广泛用于气体、金属离子、无机阴离子及各种有机化合物的定量测定,操作简单、准确度高、重现性好且具有较宽的线性范围和较低的检出限等特点,可以较好地满足人们在生活中对分析应用的要求。定量检测依据待测物质的加入浓度与振荡特征参数(如诱导期、最高电位、最低电位、振荡周期、振幅、振荡寿命等)的改变量之间的特定关系进行。

B-Z振荡体系被广泛用于铁、锰、银、铊、钌、汞等金属离子的测定,氟、氯、碘、硫代硫酸根及金属络合阴离子等无机阴离子的测定,气体物质NO、CO、Cl_2等的测定,苯酚、二苯胺磺酸钠、水杨酸、间苯二酚、没食子酸、缬氨酸、咖啡因、利福平、维生素B_1、维生素B_2、维生素B_6、维生素C、香子兰醛、氢醌、谷胱甘肽等有机物、药物的检测[5,11,57-60]。相对而言,利用化学振荡检测有机物比较成功,报道也较多,其检测范围一般在$10^{-8}\sim 10^{-5}$ mol/L,有些甚至可达10^{-9} mol/L;但对无机物的检测范围则在$10^{-7}\sim 10^{-4}$ mol/L[5]。例如,王勤等[61]利用龙胆酸对四氮杂大环铜催化的B-Z化学振荡体系[$NaBrO_3$-H_2SO_4-苹果酸-[CuL](ClO$_4$)$_2$]的扰动建立了测定龙胆酸的新方法,分析结果表明龙胆酸的浓度在 $1.25\times10^{-6}\sim1.0\times10^{-4}$ mol/L 时,体系振幅的改变量与加入龙胆酸的浓度对数有良好的线性关系。再如,曾丽娟等[62]利用草酸-丙酮双有机底物 B-Z 振荡体系定量测定邻氨基苯甲酸,体系振幅的变化量与所加入邻氨基苯甲酸浓度的负对数呈良好的线性关系,线性范围为 $6.40\times10^{-8}\sim5.60\times10^{-5}$ mol/L,检测限为 6.01×10^{-8} mol/L;他们还利用葡萄糖-丙酮有机双底物 B-Z 振荡体系检测鞣酸,体系振幅的变化量与所加入鞣酸浓度的负对数呈良好的线性关系,线性范围为 $7.60\times10^{-9}\sim1.20\times10^{-4}$ mol/L,检测限可达 1.20×10^{-9} mol/L。和单有机底物相比,双有机底物体系稳定性更好,检测灵敏度更高[15,56]。绝大部分关于 B-Z 振荡在分析检测中应用的报道都发生在封闭体系中,在 CSTR 条件的研究仅有高锦章研究组报道[63,64]。

2. 中草药鉴定

药物在治疗疾病的过程中参与人体血液循环、新陈代谢等非线性振荡过程,所以通过研究振荡反应来探索药物的治病机理,可以更加真实地反映药物的药性[56]。由于中草药为天然产物,成分复杂,药效部分不明确,因而对中草药质量的鉴别一直没有很好的方法。电化学振荡指纹图谱用于中草药体系的鉴定,具有无需繁琐的预处理、适应所有中药体系、图谱信息含量大、特征值明显、重现性好、检测费用低等特点[11]。关于中草药的振荡的报道多以"BrO_3^--丙酮-Mn^{2+}-H^+"体系为目标振荡器进行研究,已见报道的中草药有甘草、穿心莲、川芎、贝母、大黄、紫菀、黄连、虎杖、何首乌、半夏、辛夷、党参、秦艽等[11,37,65-76],这为利用 B-Z 振荡研究中草药的鉴别及应用提供了新思路和科学依据。

目前,电化学振荡用于中药的定性和定量检测方面的研究仅有国内的少数报道,且仅限于对单味中药的测定报道,国外尚无报道。定性和定量测定的依据是电化学振荡指纹图谱的特征参数(如诱导期、最高电位、振荡周期、振荡寿命等)的变化(图 1-6)[76]。然而,在实际应用中,中草药的电化学振荡指纹图谱还面临许多问题,有待进一步完善[11]。

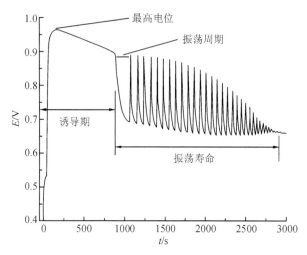

图 1-6 非线性电化学指纹图谱及其特征参数[76]

3. 农药残留检测

利用化学振荡进行农药残留检测的研究报道非常少，目前仅有李玉双等[5]利用经典的 B-Z 振荡 "$KBrO_3$-$CH_2(COOH)_2$-$Ce(SO_4)_2$-H_2SO_4" 体系检测杀菌剂戊唑醇、杀菌剂三唑醇、杀菌剂烯唑醇以及杀虫剂啶虫脒的报道，所建立的分析方法方便、快捷、灵敏度高，虽然能够满足农药残留的检测要求，但不能用于混合农药的分析。

此外，关于 B-Z 振荡的应用还有将其用于人体尿液[77,78]检测方面的报道，这对扩展振荡体系在临床诊断、快速检验方面的应用范围具有重要意义。

1.4.2 在研究生命现象中的应用

由于 B-Z 反应与生物体内重要的代谢反应三羧酸循环类似，因而 B-Z 反应已被公认为是一种理解生命现象某些方面的化学模型，诸如糖酵解振荡、心脏跳动、脑电波、激素分泌、变形虫细胞的自组织、动物皮肤的形成模式、视网膜的视觉模式处理、生物节律等[2,12,79,80]，用于认识生命体系中的振荡规律、研究生命体的病变机理[5]。

1.4.3 在智能材料中的应用

将化学振荡与响应性聚合物结合，以振荡反应作为刺激源，驱动聚合物发生周期性的溶胀-收缩变化，即将化学能转变为机械能，制成自振荡高分子（self-oscillating polymers，SOPs)，用于制作各种仿生材料(biomimetic materials)。

基于 B-Z 振荡和 pH 振荡的 SOPs 皆有报道,鉴于 B-Z 反应存在众所周知的时空振荡现象,且它与生命体内发生的关键的代谢过程三羧酸循环(TCA cycle)类似,制备 SOPs 多选用 B-Z 反应作为驱动。与基于 pH 振荡的 SOPs 相比,虽然基于 B-Z 振荡的 SOPs 体积变化量小得多,但因 B-Z 振荡可在封闭体系中进行,所以更为简单易行[54]。在基于 B-Z 振荡的 SOPs 方面研究进行最早、最多的是日本的 Yoshida 研究组,早在1996年他们就报道将 B-Z 反应的催化剂 $Ru(bpy)_3^{2+}$(联吡啶钌)共价键合在温敏高分子 PNIPAAm[poly(N-isopropylacrylamide),聚 N-异丙基丙烯酰胺]的链上形成自振荡凝胶 poly(NIPAAm-co-Ru(bpy)$_3$)[81],其结构见图 1-7[82]。其中 Ru(bpy)$_3$ 部分既是 B-Z 反应的催化剂,又是高分子链亲水性周期性变化的刺激源,而 PNIPAAm 链段则提供温度响应性功能。将 poly(NIPAAm-co-Ru(bpy)$_3$)凝胶浸入不含催化剂的 B-Z 反应溶液(组成为丙二酸-$NaBrO_3$-HNO_3),该凝胶则由于含有催化官能团 Ru(bpy)$_3$ 而发生振荡反应。由于聚合物链在 Ru(Ⅲ)氧化态的亲水性增加(聚合物溶胀)、在 Ru(Ⅱ)还原态的亲水性减小(聚合物收缩),当聚合物中的所含引发剂部分发生氧化还原变化($Ru(bpy)_3^{2+} \rightleftharpoons Ru(bpy)_3^{3+}$)时,便会改变凝胶的体积相变温度和溶胀比,导致该凝胶伴随着恒定条件下封闭体系中的氧化还原振荡而产生自动的、可逆的溶胀-退溶胀的体积振荡(图 1-8)[83]。基于上述原理和变化过程,随后 Yoshida 研究组对这种自振荡凝胶体系进行了改造,制成了自动的仿生制动器、自爬行凝胶、自动物质输送表面等智能材料(图 1-9)[84,85]。

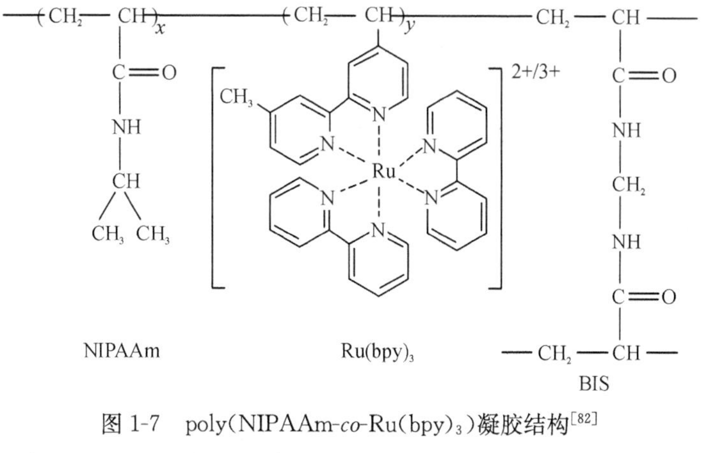

图 1-7 poly(NIPAAm-co-Ru(bpy)$_3$)凝胶结构[82]

N,N'-亚甲基双丙烯酰胺(N,N'-methylenebisacrylamide BIS),作为聚合的交联剂

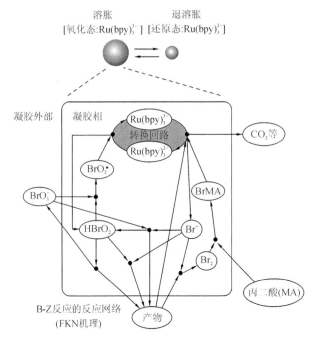

图 1-8　poly(NIPAAm-co-Ru(bpy)₃)凝胶与 B-Z 反应耦联的振荡机理[83]

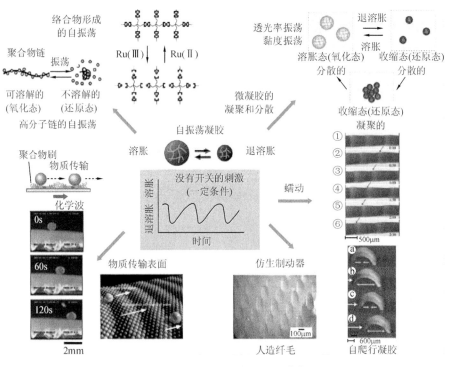

图 1-9　自振荡高分子的开发[84]

以 poly(NIPAAm-*co*-Ru(bpy)$_3$)为基础结构,通过共聚引入其他组分的方式可以改善高分子的自振荡性能和振荡行为[54]。Yoshida 研究组制备了 poly(NIPAAm-*co*-Ru(bpy)$_3$-*co*-AMPS)、poly(NIPAAm-*co*-Ru(bpy)$_3$-*co*-MAP-TAC)、poly(NIPAAm-*co*-Ru(bpy)$_3$-*co*-AMPS-*co*-MAPTAC)、poly(NIPAAm-*co*-Ru(bpy)$_3$-*co*-NAS)、poly(NIPAAm-*co*-Ru(bpy)$_3$-*co*-AA)等 SOPs(结构式见表 1-2)。凝胶中引入含磺酸的基团 AMPS,该基团可作为 pH 控制位点,实现凝胶在无外加酸条件[即两种 B-Z 反应底物——丙二酸(MA)和 NaBrO$_3$]的溶解-不溶解振荡,这种无外加酸的 SOPs 可用于制备在生命体条件下的新型仿生材料[86]。凝胶中引入带正电荷的 MAPTAC 基团,该基团可以作为氧化剂 BrO$_3^-$ 的阴离子俘获位点,通过离子交换过程将 BrO$_3^-$ 引入到凝胶中,从而实现该凝胶在只有两种底物 MA 和硫酸而无氧化剂的条件下发生溶解-不溶解的自振荡[87]。MAPTAC 基团的引入不光改变了凝胶发生振荡的 B-Z 反应的溶液组成,同时还提高了凝胶的 LCST(低临界溶解温度),使该振荡可在体温附近发生,另外还延长了振荡寿命[87]。而凝胶中同时引入 AMPS 和 MAPTAC 基团,兼具 pH 控制位点和氧化剂俘获位点,使其可在仅含有机酸(MA)的条件下振荡,保证了 B-Z 反应在不加强酸和强氧化剂的条件下进行,使 SOPs 在生体条件下应用的可能性得到很大提高[88]。凝胶中引入丙烯酸(AA)组分可降低凝胶的 LCST,改变凝胶振荡的温控范围,且丙烯酸可偶联其他物质,有望形成新的 SOPs[89]。凝胶中引入 NAS 基团使其容易被键合到玻璃表面,可制成纳米尺度的自振荡装置或纳米机器[90]。Meada 等[91]将含有生物相容的聚乙烯吡咯烷酮[poly(vinylpyrrolidone),PVP]引入凝胶,替换温敏的 PNIPAAm 组分,首次成功制备了能够在高温下溶胀-退溶胀的 SOPs——poly(VP-*co*-Ru(bpy)$_3$),通过调节 B-Z 振荡底物(MA,NaBrO$_3$,HNO$_3$)的初始浓度和温度,可使 SOPs 的振荡频率高至 0.5 Hz,即达到 poly(NIPAAm-*co*-Ru(bpy)$_3$)凝胶振荡频率的 20 倍。可以设想,若能设法将 B-Z 振荡的有机酸共价键合到 poly(NIPAAm-*co*-Ru(bpy)$_3$)聚合物上,则可实现真正意义上的"自振荡",只需要将聚合物凝胶置于水中即可自发振荡。

共聚物组分的引入虽然会改善 SOPs 的振荡行为,但是过多共聚组分的引入会降低 Ru(bpy)$_3$ 的含量,导致出现自振荡振幅降低、驱动能力下降、诱导时间增加等问题[89]。当然,改变 B-Z 反应底物浓度或 SOPs 中各组分的比例可以适当调节凝胶的振荡行为。此外,可以考虑设计除 Ru(bpy)$_3$ 之外的其他催化剂作为

SOPs 的刺激因素[54]。

表 1-2　自振荡高分子的化学结构与性能

序号	SOPs 的结构	性能	文献
1	NIPAAm / Ru(bpy)$_3$ / AMPS 共聚物	在无酸条件下振荡	[86]
2	NIPAAm / Ru(bpy)$_3$ / MAPTAC 共聚物（含 BrO$_3^-$）	在无氧化剂条件下振荡，提高了凝胶的 LCST，延长了振荡寿命	[87]
3	NIPAAm / Ru(bpy)$_3$ / AMPS / MAPTAC 共聚物（含 BrO$_3^-$）	在仅含有机酸的条件下振荡	[88]

续表

序号	SOPs 的结构	性能	文献
4	NIPAAm / PAA / Ru(bpy)₃ 共聚物结构	降低了凝胶的 LCST, 改变了凝胶振荡的温控范围	[89]
5	NIPAAm(95.7) / Ru(bpy)₃(0.7) / NAS(3.6) 共聚物结构	容易键合到玻璃表面	[90]
6	PVP(x) / Ru(bpy)₃(y) / BIS(3.6) 共聚物结构	振荡频率高, 生物相容性好	[91]

参 考 文 献

[1] Horváth V. Studies on the dynamical behavior and the mechanism of new oscillatory chemical systems. Budapest: Semmelweis University, Doctoral dissertation, 2010: 3.

[2] 秀岛武敏. 生物体内的振荡反应. 刘纯, 石丽萍, 王丽君, 译. 北京: 科学出版社, 2007: 1-9, 98-172.

[3] Mcilwaine R E. Nonlinear dynamics of acid- and base- regulated chemical systems. England: University of Leeds, Doctoral dissertation, 2007: 1-35.

[4] 辛厚文,侯中怀. 非线性化学. 北京:中国科学技术大学出版社,2009:1-26.

[5] 李玉双. B-Z 化学振荡反应在农药残留检测中的应用. 兰州:甘肃农业大学硕士学位论文,2009.

[6] 李如生,万荣. 非平衡非线性化学. 化学进展,1996,8(1):17-28.

[7] Castets V, Dulos E, Boissonade J, et al. Experimental evidence of a sustained standing turing-type non-equilibrium chemical pattern. Phys Rev Lett, 1990, 64(24):2953-2956.

[8] 孙萍,郑佳喻,周华喜,等. B-Z 振荡反应实验. 物理实验,2009,29(1):1-6,13.

[9] 张媛媛. pH 振荡和 pH-Ca^{2+} 复合振荡反应研究. 北京:首都师范大学硕士学位论文,2009.

[10] 何国芳,郑茂菊. 化学振荡反应. 泰安师专学报,2001,23(3):68-69.

[11] 李继睿,禹练英,丁峰. 电化学振荡反应在中药鉴定中的应用. 化学分析计量,2011,20(2):93-95.

[12] Pullela S R, Shen J, Marquez M, et al. A comparative study of temperature dependence of induction time and oscillatory frequency in polymer-immobilized and free catalyst Belousov-Zhabotinsky reactions. J Polym Sci B: Polym Phys, 2009, 47(9):847-854.

[13] Field R J, Schneider F W. Oscillating chemical reactions and nonlinear dynamics. J Chem Educ, 1989, 66(3):195-204.

[14] Melka R F, Olsen G, Beavers L, et al. The kinetic of oscillating reactions: laboratory experiment for physical chemistry. J Chem Educ, 1992, 69(7):596.

[15] 刘艳君. 化学振荡反应在氨基酸及药物测定中的应用. 兰州:西北师范大学硕士学位论文,2011.

[16] Poros E, Horváth V, Kurin-Csörgei K, et al. Generation of pH-oscillations in closed chemical systems: method and applications. J Am Chem Soc, 2011, 133(18):7174-7179.

[17] 王明强. 化学振荡反应及其在分析检测与智能高分子中的应用. 兰州:西北师范大学硕士学位论文,2013.

[18] 杨珊,侯玉龙,王香爱. 三聚氰胺和 VC 对 BSF 体系 pH 振荡的影响. 应用化工,2013,42(12):2308-2310,2312.

[19] 索南. 化学振荡反应在药物分析中的应用. 青海师范大学民族师范学院学报,2006,17(1):60-63.

[20] 李铭. B-Z 化学振荡反应的机理及其分析应用. 兰州:西北师范大学硕士学位论文,2011.

[21] 吴友吉,金盈,陶庭先. 对氨基苯磺酸-溴酸钾-硫酸-丙酮在邻菲啰啉合铁(Ⅱ)催化下的 B-Z 振荡反应. 安徽工程科技学院学报,2005,20(2):7-11.

[22] Field R J, Körös E, Noyes R M. Oscillations in chemical systems. Ⅱ. Thorough analysis of temporal oscillation in the bromate-cerium-malonic acid system. J Am Chem Soc, 1972, 94(25):8649-8664.

[23] 李俊杰,黄燕梅. 物理化学实验 B-Z 振荡反应体系的选择. 广西大学学报,2011,33(S):191-193.

[24] 黄振炎. CSTR 中以果糖、丙酮为底物的 B-Z 反应体系研究. 温州师范学院学报,2001,22(6):23-25.

[25] 徐元昌,李和兴,徐海涵. 化学振荡反应用于检测糖尿病. 化学世界,1992,(3):123-126.

[26] Epstein I R. Patterns in time and space-generated by chemistry. Chem Eng News, 1987, 65(13):24-36.

[27] Epstein I R. Complex dynamical behavior in "simple" chemical systems. J Phys Chem, 1984, 88(2):187-198.

[28] Epstein I R, Kustin K. Design of inorganic chemical oscillators//SpringerLink, ed. New Developments:

Structure and Bonding. Berlin Heidelberg: Springer Berlin Heidelberg, 1984, 56: 1-33.

[29] Lindsay J. Oscillations and traveling waves in chemical systems//Field R J, Burger M, ed. New York: Wiley, 1985: 257.

[30] 毛耀华. 化学振荡反应. 江西师院学报, 1982, (1): 25-31.

[31] 宗春燕, 王玉梅, 高庆宇. Belousov-Zhabotinsky 反应研究进展. 淮阴工学院学报, 2006, 15(1): 54-57.

[32] 李勇. B-Z 化学振荡系统的非线性分析及控制. 镇江: 江苏大学硕士学位论文, 2008.

[33] 魏庆莉, 侯哲, 李艳妮, 等. 调制 BZ-CSTR 反应体系小振荡诱导非平衡相变. 物理化学学报, 2000, 16(4): 338-344.

[34] Mori Y, Nakamichi Y, Sekiguchi T, et al. Photo-induction of chemical oscillation in the Belousov-Zhabotinsky reaction under the flow condition. Chem Phys Lett, 1993, 211(4): 421-424.

[35] 孙海涛, 南照东, 刘永军, 等. B-Z 振荡反应的热谱图. 化学世界, 1996, (S1): 179.

[36] 李将渊, 蔡铎昌. 丙二酸对 B-Z 振荡反应的影响. 四川师范学院学报, 1990, 11(2): 139-142.

[37] 李祖君, 邹桂华, 李守君, 等. 甘草参与的 B-Z 振荡反应研究. 分子科学学报, 2011, 27(1): 14-18.

[38] Adamcikova L, Schreiber I. Experimental study of coupled chemical oscillators of the Belousov-Zhabotinskii type. Chem Papers, 1990, 44(4): 441-450.

[39] 贺占博, 黄智, 顾惕人. 在 CMC 附近不同浓度表面活性剂对 B-Z 振荡反应的影响. 科学通报, 1995, 40(24): 2244-2247.

[40] 李和兴, 陆中庆. 金属离子对 Belousov-Zhabotinskii 非催化振荡反应的影响. 催化学报, 1991, 12(3): 240-244.

[41] Orbán M. Oscillations and bistability in the Cu(Ⅱ)-catalyzed reaction between H_2O_2 and KSCN. J Am Chem Soc, 1986, 108(22): 6893-6898.

[42] 高庆宇, 林娟娟, 马克勤, 等. CSTR 中 H_2O_2-KSCN-$CuSO_4$ 非线性反应体系的研究. 物理化学学报, 1995, 11(6): 488-490.

[43] Orbán M, Epstein I R. Chemical oscillators in group VIA: The Cu(Ⅱ)-catalyzed reaction between thiosulfate and peroxodisulfate ions. J Am Chem Soc, 1989, 111(8): 2891-2896.

[44] Orbán M, Epstein I R. Chemical oscillators in group VIA: The Cu(Ⅱ)-catalyzed reaction between hydrogen peroxide and thiosulfate ion. J Am Chem Soc, 1987, 109(1): 101-106.

[45] 赵莲青. 碘钟振荡反应中酸介质的研究. 西北大学学报, 1984, (4): 34-37.

[46] Maeda K, Kihara S. The oscillation of membrane potential or membrane current. Surfactant Sci Ser, 2001: 609-628.

[47] Dupeyrat M, Nakache E. Direct conversion of chemical energy into mechanical energy at an oil water interface. Bioelectrochem Bioenerg, 1978, 5(1): 134-141.

[48] 贺占博, 张向华, 曹汇川. 乳液变化中的 pH 与电导率振荡. 物理化学学报, 2001, 17(3): 238-240.

[49] 周莉, 汤皎宁, 吕维忠, 等. 烷烃同系物对液膜振荡的影响. 应用化学, 2010, 27(9): 1083-1087.

[50] 汤皎宁, 周莉, 张晓明, 等. 含 CTAB 的开放体系与封闭体系的液膜振荡. 化学研究与应用, 2011,

23(12): 1689-1692.

[51] Edblom E C, Luo Y, Orbán M, et al. Systematic design of chemical oscillators. 45. Kinetics and mechanism of the oscillatory bromate-sulfite-ferrocyanide reaction. J Phys Chem, 1989, 93(7): 2722-2727.

[52] Rábai G, Beck M T. Exotic kinetic phenomena and their chemical explanation in the iodate-sulfite-thiosulfate system. J Phys Chem, 1988, 92(10): 2804-2807.

[53] Crook C J, Smith A, Jones R A L, et al. Chemically induced oscillations in a pH-responsive hydrogel. Phys Chem Chem Phys, 2002, 4(8): 1367-1369.

[54] 周宏伟, 梁恩湘, 郑朝晖, 等. 基于 Belousov-Zhabotinsky 自振荡反应的智能高分子. 化学进展, 2011, 23(11): 2368-2376.

[55] 孙萍, 郑佳喻, 周华喜, 等. B-Z 振荡反应实验. 物理实验, 2009, 29(1): 1-6.

[56] 张晓莉. 化学振荡反应及其在分析检测中的应用. 兰州: 西北师范大学硕士学位论文, 2011.

[57] 胡刚, 刘婷婷. 化学振荡在分析化学中的应用综述. 安徽大学学报, 2015, 39(2): 97-108.

[58] 范文琴, 王永辉. 抗坏血酸对 $CH_2(COOH)_2$-BrO_3^--Mn^{2+}-H_2SO_4 体系化学振荡反应的影响. 大连交通大学学报, 2009, 30(3): 66-70.

[59] Gao J Z, Yang H, Liu X H, et al. Kinetic determination of ascorbic acid by the BZ oscillating chemical system. Talanta, 2001, 55(1): 99-107.

[60] Gao J Z, Chen H, Dai H X, et al. Improved sensitivity for transition metal ions by use of sulfide in the Belousov-Zhabotinskii oscillating reaction. Anal Chim Acta, 2006, 571(1): 150-155.

[61] 王勤, 胡刚, 孟敏. 龙胆酸对 B-Z 化学振荡反应的影响及其分析测定. 安徽大学学报, 2012, 5(3): 79-84.

[62] 曾丽娟. B-Z 化学振荡反应及其在分析检测中的应用. 兰州: 西北师范大学硕士学位论文, 2013.

[63] Gao J Z, Ren J, Yang W, et al. Determination of caffeine using oscillating chemical reaction in a CSTR. J Pharm Biomed Anal, 2003, 32(3): 393-400.

[64] Gao J Z, Yang H, Liu X H, et al. Determination of glutamic acid by an oscillating chemical reaction using the analyte pulse perturbation technique. Talanta, 2002, 57(1): 105-114.

[65] 于游, 王炜罡, 聂毅, 等. 中药穿心莲的 B-Z 振荡反应研究. 化学世界, 2004, (8): 407-409.

[66] 赵微微, 李宗孝. 中草药川芎对振荡反应的影响. 化学与生物工程, 2010, 27(5): 66-68.

[67] 李守君, 邹桂华, 黄金宝, 等. 应用电化学指纹图谱技术鉴别几组易混中药材. 中药材, 2009, 32(11): 1680-1683.

[68] 陈效忠, 邹桂华, 李守君, 等. 电化学指纹图谱鉴别几种贝母药材的新方法. 中国实验方剂学杂志, 2011, 17(2): 73-75.

[69] 邹桂华, 李守君, 沈广志. 半夏的电化学指纹图谱研究. 中国实验方剂学杂志, 2011, 17(17): 100-102.

[70] 李守君, 黄金宝, 兰焕, 等. 应用电化学指纹图谱鉴别黄连及其伪品. 辽宁中医杂志, 2010, 37(5): 902-903.

[71] 王瑜, 孙长海, 徐明亮, 等. 电化学振荡指纹图谱鉴别姜黄等 4 种中药材. 福建分析测试, 2010, 19(2): 18-21.

[72] 张秀莉, 佟德成, 李守君, 等. 中药大黄电化学指纹图谱研究. 黑龙江医药科学, 2010, 33(2): 21-22.

[73] 程旺兴, 陈振华, 陈佳, 等. 紫菀的电化学指纹图谱研究. 化学试剂, 2012, 34(11): 1004-1008.

[74] 陈效忠, 邹桂华, 宗希明, 等. 电化学指纹图谱鉴别中药大黄、虎杖和何首乌. 黑龙江医药科学, 2010, 33(2): 45.

[75] 石慧慧, 王融融, 陈龙梗, 等. 中药辛夷的电化学指纹图谱. 中国现代中药, 2015, 17(3): 204-207.

[76] 邹桂华, 赵婷婷, 沈广志, 等. 非线性电化学指纹图谱鉴别党参和秦艽. 中国实验方剂学杂志, 2015, 21(7): 68-71.

[77] 陈庆安, 徐松林, 徐文华. 人体尿液对化学振荡反应的影响. 苏州大学学报, 1989, 5(3): 210-283.

[78] 任杰, 杨武, 刘秀辉, 等. 尿液对化学振荡的扰动作用. 西北师范大学学报, 2002, 38(1): 55-57.

[79] Yoshida R, Sakai T, Hara Y, et al. Self-oscillating gel as novel biomimetic materials. J Control Release, 2009, 140(3): 186-193.

[80] Yoshida R. Self-oscillating polymer gel as novel biomimetic materials exhibiting spatiotemporal structure. Colloid Polym Sci, 2011, 289(5-6): 475-487.

[81] Yoshida R, Takahashi T, Yamaguchi T, et al. Self-oscillating gel. J Am Chem Soc, 1996, 118(21): 5134-5135.

[82] Yoshida R, Takahashi T, Yamaguchi T, et al. Self-oscillating gels. Adv Mater, 1997, 9(2): 175-178.

[83] Yoshida R. Self-oscillating gels driven by the Belousov-Zhabotinsky reaction as novel smart materials. Adv Mater, 2010, 22(31): 3463-3483.

[84] Yoshida R, Murase Y. Self-oscillating surface of gel for autonomous mass transport. Colloid Surf B Biointerf, 2012, 99(1): 60-66.

[85] 姜魏, 解京选, 路兴杰, 等. 响应性凝胶与非线性化学反应相互作用研究进展. 化学研究与应用, 2009, 21(6): 779-784.

[86] Hara Y, Yoshida R. Self-oscillation of polymer chains induced by the Belousov-Zhabotinsky reaction under acid-free conditions. J Phys Chem B, 2005, 109(19): 9451-9454.

[87] Hara Y, Sakai T, Maeda S, et al. Self-oscillating soluble-insoluble changes of a polymer chain including an oxidizing agent induced by the Belousov-Zhabotinsky reaction. J Phys Chem B, 2005, 109(49): 23316-23319.

[88] Hara Y, Yoshida R. Self-oscillating polymer fueled by organic acid. J Phys Chem B, 2008, 112(29): 8427-8429.

[89] Ito Y, Nogawa M, Yoshida R. Temperature control of the Belousov-Zhabotinsky reaction using a thermoresponsive polymer. Langmuir, 2003, 19(23): 9577-9579.

[90] Ito Y, Hara Y, Uetsuka H, et al. AFM observation of immobilized self-oscillating polymer. J Phys Chem B, 2006, 110(11): 5170-5173.

[91] Nakamaru S, Maeda S, Hara Y, et al. Control of autonomous swelling-deswelling behavior for a polymergel. J Phys Chem B, 2009, 113(14): 4609-4613.

第 2 章　pH 振荡概述

20 世纪 80 年代，人们开始发现 H^+ 驱动的一些均相化学振荡器[1]。自 Orbán 和 Epstein 于 1985 年报道了第一个 pH 振荡器之后[2]，他们于 1986 年和 1989 年又分别发现了 IO_3^--SO_3^{2-}-$Fe(CN)_6^{4-}$（简称 ISF[3]）体系和 BrO_3^--SO_3^{2-}-$Fe(CN)_6^{4-}$（简称 BSF[4]）体系两个 pH 振荡器；1990 年，他们报道了十余种 pH 振荡器[5]。在随后的二三十年，pH 振荡的研究在发现新的振荡体系、振荡机理及应用方面取得了巨大的进展[6]。

2.1　pH 振荡体系

所谓 pH 振荡器，它指的是体系中 H^+ 在产生振荡行为中起了至关重要的驱动作用，即 pH 既不是振荡的结果也不是指示剂，而是振荡的驱动力[6,7]。与 B-Z 反应可以在封闭体系中振荡不同，pH 振荡器必须在 CSTR 条件下才能产生振荡。pH 振荡器典型的振荡曲线如图 2-1 所示。

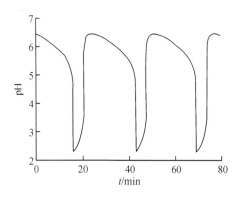

图 2-1　BSF 体系的 pH-时间曲线[7]

迄今为止，已见报道的 pH 振荡器有 30 余种，按照发现的顺序列于表 2-1 中。其中研究和报道较多的是 pH 振幅相对较大的体系，尤其是 ISF、BSF、BSM

(BrO_3^--SO_3^{2-}-Mn^{2+}/MnO_4^-)和OSF(H_2O_2-SO_3^{2-}-$Fe(CN)_6^{4-}$)体系备受关注,而其余的振荡体系皆因振幅较小、应用受限而研究不多。由表可见,绝大部分的pH振荡器皆由无机物组成,$CH_2(OH)_2$(甲二醇)-SO_3^{2-}-Gluconolactone(葡糖酸内酯)是第一个有机的pH振荡器[8,9]。在这些pH振荡器中,pH振荡大多发生在酸性至中性或酸性至弱碱性(2.5~8.5)范围内,极个别的在碱性范围内振荡,如H_2O_2-KSCN-$CuSO_4$-NaOH (pH>8,振幅0.01~0.1个pH单位)[10],$CH_2(OH)_2$-SO_3^{2-}-Gluconolactone(振荡发生在pH7~10)[8,9]。pH振荡器的振幅最大可达6个pH单位(H_2O_2-$Na_2S_2O_4$体系pH可在3.5~9.5振荡)[11],最小仅零点几个pH单位[10,12]。吉琳等[13]通过向pH振荡器H_2O_2-$S_2O_3^{2-}$-Cu^{2+}中引入适量EDTA,利用EDTA与Cu^{2+}的络合作用能够促进负反馈,从而同时增大了氧化-还原电位和pH振荡范围,为放大核心pH振荡器的工作范围提供了研究思路。

表2-1 已见报道的pH振荡器

序号	振荡器组成	pH范围	首次报道时间/年	文献
1	H_2O_2-S^{2-}	6.0~8.0	1985	2
2	IO_3^--SO_3^{2-}-$Fe(CN)_6^{4-}$-H^+	3.0~7.3	1986	3
3	H_2O_2-$S_2O_3^{2-}$-H^+-Cu^{2+}	4.9~8.5	1987	14
4	IO_3^--SO_3^{2-}-$CS(NH_2)_2$-H^+	3.5~7.0	1987	15
5	IO_3^--SO_3^{2-}-$S_2O_3^{2-}$-H^+	5.0~7.0	1988	16
6	IO_4^--$S_2O_3^{2-}$	4.0~5.5	1989	17
7	IO_4^--NH_2OH	4.0~6.0	1989	18
8	BrO_3^--SO_3^{2-}-$Fe(CN)_6^{4-}$-H^+	2.7~6.2	1989	4
9	H_2O_2-SO_3^{2-}-$Fe(CN)_6^{4-}$-H^+	4.8~7.8	1989	19
10	Cu(Ⅱ)-$Na_2S_2O_3$-$K_2S_2O_8$	2.5~2.8	1989	20
11	H_2O_2-$Fe(CN)_6^{4-}$	5.0~7.0	1989	21
12	IO_3^--NH_2OH	3.0~5.5	1990	22
13	BrO_2^--I^-	6.0~8.2	1992	23
14	BrO_3^--NH_2OH-C_6H_5OH-NaOH	4.5~7.5	1994	24
15	BrO_2-$S_2O_3^{2-}$-C_6H_5OH-NaOH	4.5~7.5	1995	25
16	H_2O_2-KSCN-$CuSO_4$-NaOH	pH>8 ΔpH=0.01~0.1	1995	10
17	H_2O_2-$S_2O_3^{2-}$-H^+	6.8~7.2	1996	26
18	H_2O_2-KSCN-NaOH	5.7~5.9	1996	26
19	H_2O_2-$CS(NH_2)_2$-H^+	2.65~2.66	1996	26

续表

序号	振荡器组成	pH 范围	首次报道时间/年	文献
20	$BrO_3^- $-$ SO_3^{2-} $-Marble-$H^+$	3.8~7.2	1996	1
21	H_2O_2-SO_3^{2-}-CO_3^{2-}-H_2SO_4	5.0~7.5	1998	27
22	H_2O_2-SO_3^{2-}-HCO_3^--H_2SO_4	4.5~7.0	1999	28
23	BrO_3^--SO_3^{2-}-Mn^{2+}/MnO_4^--H^+	2.8~7.3	1999	29
24	H_2O_2-SO_3^{2-}-$S_2O_3^{2-}$-H^+	5.0~7.0	1999	30
25	ClO_2^--SO_3^{2-}-H^+	5.9~7.9	2001	31
26	ClO_2^--SO_3^{2-}-CO_3^{2-}-H^+	6.9~7.9	2001	31
27	H_2O_2-$S_2O_4^{2-}$	3.5~9.5	2001	11
28	H_2O_2-HSO_3^--hemin(血红素)	6.4~7.6	2002	32
29	$S_2O_4^{2-}$-H^+	4.9~6.3	2002	33
30	BrO_3^--SO_3^{2-}/HSO_3^--H^+	2.8~7.3	2005	34
31	$CH_2(OH)_2$-SO_3^{2-}-Gluconolactone(葡糖酸内酯)	7.2~10.0	2007	8,9
32	H_2O_2-SO_3^{2-}-$(NH_2)_2CS$-H^+	4.7~7.7	2014	35

注：表中 H^+、H_2SO_4 或 NaOH 为振荡器反应的酸碱介质。

由于在封闭体系中的产生振荡为衰减的阻尼振荡，而 CSTR 方式则能够得到持久、稳定的振荡，因此目前绝大多数关于 pH 振荡的报道都是研究其在 CSTR 或半封闭(semi-batch)条件下的振荡行为，对于封闭体系的研究很少见。然而，研究发现，CSTR 方式在活体中的应用几乎是不可能的；相比之下，如果 pH 振荡器能够在封闭体系中实现长时间的振荡，则实现其在活体中的应用将成为可能，而且比 CSTR 体系更为简单、方便[7]。目前，对封闭体系中 pH 振荡的研究极少。Orbán 等[7]使用二氧化硅凝胶负载 pH 振荡最常见的还原剂——Na_2SO_3，由于硅胶可负载高浓度的 SO_3^{2-}（大于 2mol/L），加之其质地坚硬且在反应体系中为惰性，能够缓慢地释放出底物 Na_2SO_3，从而实现了封闭或半封闭反应器中 ISF 和 BSF 体系的长时间振荡，然而该振荡仍为阻尼振荡。Rábai[36]则考虑到 $CaSO_3$ 固体在水中的缓慢溶解可持续提供 HSO_3^-，利用水相悬浮体系 $CaSO_3$-H_2O_2-HCO_3^- 在封闭反应器中实现了最大可达 2 个 pH 单位(pH 5~7) 的长时间 pH 振荡，然而随着时间的延长，振荡周期增大，振幅减小，振荡最终停止。

2.2 pH振荡机理

pH振荡器的一个优点便是组成简单,相对于其他类别的化学振荡器而言,pH振荡器的机理相对最容易理解[6]。Orbán等人[6]将pH振动器按照组成分为3类:①单底物pH振荡器,由一种氧化剂(oxidant)和一种还原剂(reductant)组成,如H_2O_2-S^{2-}、H_2O_2-$S_2O_3^{2-}$-Cu^{2+}(催化剂)、IO_3^--NH_2OH等;②双底物pH振动器,由一种氧化剂和两种还原剂组成,例如IO_3^--SO_3^{2-}-$Fe(CN)_6^{4-}$、BrO_3^--SO_3^{2-}-$Fe(CN)_6^{4-}$、H_2O_2-SO_3^{2-}-$S_2O_3^{2-}$等,或者由一种氧化剂和一种还原剂再加一种共轭酸碱对(CO_3^{2-},HCO_3^-)或有机物(血红素hemin,苯酚phenol)组成;③特殊pH振荡器,指没有H^+自催化过程存在的pH振荡体系,如表2-1中H_2O_2-$Fe(CN)_2^{4-}$、ClO_2^--SO_3^{2-}、$S_2O_4^{2-}$-H^+、$CH_2(OH)_2$-SO_3^{2-}-Gluconolactone等4个体系。虽然pH振荡器的振荡机理因振荡体系的组成差异而有所不同,但从根本上讲,振荡器皆可看作是由正、负两个复杂的氧化-还原反应组成,其中一个为产生H^+的反应(正反馈),一个为消耗H^+的反应(负反馈),由于反应速率的快慢差异,两个反应交替控制体系,导致体系pH在一定范围内产生周期性往复变化。下面以几个典型实例来分别阐述上述三类pH振荡器的机理。

2.2.1 单底物pH振荡器

在单底物体系中,按照体系的初始pH和氧化剂与还原剂(底物)的初始比例,底物可被氧化为两种不同的程度[6]:一条途径是部分氧化(partial oxidation),形成相对稳定的中间体,该反应消耗H^+,因此,当该反应占主导时,体系pH升高。此步为自抑制过程:当H^+浓度降低,部分氧化逐渐缓慢;当pH升高到一定值,部分氧化停止。而高pH有利于另外一条途径,即:中间产物和底物的完全氧化(total oxidation)伴随着自催化产生H^+的过程。此步完成,pH回复到初始的低值,如果有反应物以适当的速率持续流入反应器,则循环重新开始。H^+的消耗和产生过程如图2-2所示。

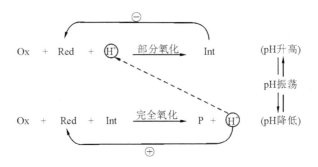

图 2-2 单底物 pH 振荡器的正（+）、负（−）反馈过程[6]

Ox，氧化剂；Red，还原剂；Int，中间体；P，最终产物；⊖和⊕分别代表自抑制和自催化

以 H_2O_2-S^{2-} 振荡器为例进行此类 pH 振荡器反应机理的分析[6]。Na_2S 和 H_2O_2 是该振荡器的主要组分，此外，还需要少量 H_2SO_4 才能使振荡发生。除振荡外，改变初始反应物比例和流速，该体系还可以观察到高 pH 和低 pH 的稳态或者双稳态。该体系的 pH 在 6.0～8.5 范围内振荡，振荡可用玻璃电极、或 Pt 电极、或酸碱指示剂、或浊度（硫单质的形成或分解）检测。振荡的上述响应可以用 Hoffmann 建立的计量学和动力学对 H_2O_2 氧化硫离子（S^{2-}）作出解释[37]：S^{2-} 的反应形态为 HS^-，按照式(2-1)～式(2-3)发生两种氧化过程：

$$S^{2-} + H^+ \longleftrightarrow HS^- \tag{2-1}$$

$$H_2O_2 + HS^- + H^+ \longrightarrow S + 2H_2O \tag{2-2}$$

$$4H_2O_2 + HS^- \longrightarrow SO_4^{2-} + 2H_2O + H^+ \tag{2-3}$$

在酸性环境，且[H_2O_2]≈[S^{2-}]时，反应以式(2-2)为主；而在碱性环境且[H_2O_2]≫[S^{2-}]时，反应以式(2-3)为主。在中性 pH（约为 7）开始反应，如果 H_2O_2 过量有利于以式(2-3)进行反应，则体系 pH 降低，直到 HS^- 几乎被耗尽；此反应开始缓慢，然而当有 H^+ 产生则反应自加速，因为 HS^-[按式(2-1)生成]的反应性比未质子化的 S^{2-} 更强。在低 pH 条件，反应从式(2-3)转向式(2-2)，胶体态硫沉淀，溶液中呈现 S_4^{2-} 的黄色，这种浑浊的低 pH 状态持续至式(2-3)反应生成的 H^+ 大部分被耗尽；在强碱性 S^{2-} 溶液流入时，式(2-2)的反应回复初始的高 pH 状态，一旦 CSTR 反应器中累积了足够的 H_2O_2、Na_2S 和 H_2SO_4，新循环就会开始。在振荡的这个阶段，反应混合液变清澈，因为硫单质按照式(2-4)的反应被氧化为 SO_4^{2-}。该体系典型的 pH 振荡曲线如图 2-3 所示[2]。

$$S + 3H_2O_2 \longrightarrow SO_4^{2-} + 2H_2O + H^+ \tag{2-4}$$

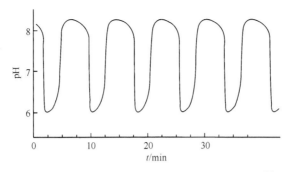

图 2-3 CSTR 条件下 H_2O_2-S^{2-} 体系的 pH 振荡[2]

$[H_2O_2]=0.4mol/L$，$[Na_2S]=0.0167mol/L$，$[H_2SO_4]=0.001mol/L$，流速 $k_0=6\times10^{-4}s^{-1}$

2.2.2 双底物 pH 振荡器

在双底物体系中，两个连锁反应构成了振荡过程。如图 2-4 所示，H^+ 为第一个反应的产物，却是第二个反应的反应物。底物 1(S_1) 通常为还原剂，会被完全氧化，该反应被 H^+ 催化且产生 H^+ 直至 S_1 耗尽，并导致体系 pH 降低；低 pH 环境使第二个反应启动，从而使第一个反应产生的 H^+ 大部分被消耗掉。底物 2(S_2) 也是还原剂，但它只有在酸性条件下才被氧化，但是难溶的大理石甚或有机物也可作为底物 2[6]。

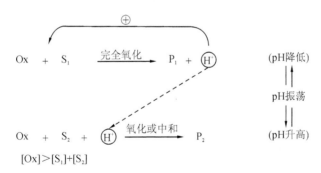

图 2-4 双底物 pH 振荡器中 H^+ 的产生和消耗过程[6]

Ox，氧化剂；S_1，还原剂；S_2，还原剂或 H^+ 消耗剂；⊕ 表示自催化

以大幅 pH 振荡器 BSF 体系为例，它可看作由下面两个复合反应组成[7,38,39]：

$$BrO_3^- + 3HSO_3^- + H^+ \longrightarrow Br^- + 3SO_4^{2-} + 4H^+ \tag{2-5}$$

$$BrO_3^- + 6Fe(CN)_6^{4-} + 6H^+ \longrightarrow Br^- + 6Fe(CN)_6^{3-} + 3H_2O \tag{2-6}$$

其中，式(2-5)是生成 H^+ 的快反应，式(2-6)是消耗 H^+ 的慢反应。

1989 年，Edblom 等提出了 BSF 体系的反应机理[4]，而 Rábai、Kaminaga 和

Hanazaki 于 1996 年提出了更为合理的反应机理,被称为 RKH 模型(表 2-2)[40]。

表 2-2 RKH 模型的反应机理和速率常数[40]

序号	反应	速率定律	速率常数(35℃)
R1	$SO_3^{2-} + H^+ \longrightarrow HSO_3^-$	$k_1[SO_3^{2-}][H^+]$(正反应) $k_{1'}[HSO_3^-]$(逆反应)	$k_1=5.0\times10^{10}$ mol/(L·s) $k_{1'}=5.0\times10^3$ s^{-1}
R2	$HSO_3^- + H^+ \longrightarrow H_2SO_3$	$k_2[HSO_3^-][H^+]$(正反应) $k_{2'}[H_2SO_3]$(逆反应)	$k_2=6.0\times10^{10}$ mol/(L·s) $k_{2'}=1.0\times10^9$ s^{-1}
R3	$3HSO_3^- + BrO_3^- \longrightarrow 3SO_4^{2-} + Br^- + 3H^+$	$k_3[HSO_3^-][BrO_3^-]$	$k_3=5.97\times10^{-2}$ mol/(L·s)
R4	$3H_2SO_3 + BrO_3^- \longrightarrow 3SO_4^{2-} + Br^- + 6H^+$	$k_4[H_2SO_3][BrO_3^-]$	$k_4=18.0$ mol/(L·s)
R5	$BrO_3^- + 6Fe(CN)_6^{4-} + 6H^+ \longrightarrow$ $Br^- + 6Fe(CN)_6^{3-} + 3H_2O$	$k_5[H^+]/(k_{5'}+[H^+])$	$k_5=1.5\times10^{-5}$ mol/(L·s) $k_{5'}=2.5\times10^{-4}$ mol/L

在 RKH 模型中,BSF 体系的 pH 振荡可简要解释如下[40]:在 SO_3^{2-} 存在时,反应 R1 和 R3 构成一个主要的反应途径——式(2-7)(由 3R1+R3 得到):

$$3H^+ + 3SO_3^{2-} + BrO_3^- \longrightarrow 3SO_4^{2-} + Br^- + 3H^+ \tag{2-7}$$

该反应是一个需 H^+ 催化的反应,但并非自催化。式(2-7)的反应只有在 SO_3^{2-} 存在时才能进行,在此过程中快速的(R1)平衡使$[H^+]$保持非常低的状态。当 SO_3^{2-} 被消耗时,大量的 H^+ 被释放,并通过(R2)反应产生 H_2SO_3。由此引发一个自动催化产生 H^+ 的反应——式(2-8)(由 3R2+R4 得到),使 pH 快速下降。式(2-8)的反应为正反馈,称为 BSH 反应(BrO_3^--SO_3^{2-}-H^+),它使体系 pH 降低至一定值。

$$3H^+ + 3HSO_3^- + BrO_3^- \longrightarrow 3SO_4^{2-} + Br^- + 6H^+ \tag{2-8}$$

另一方面,反应(R5)为负反馈,称为 BFH 反应(BrO_3^--$Fe(CN)_6^{4-}$-H^+),它发生作用持续消耗 H^+,从而使体系回到高 pH 状态。当 pH 升高到一定值时,反应式(2-7)启动,使体系进入下一个循环。

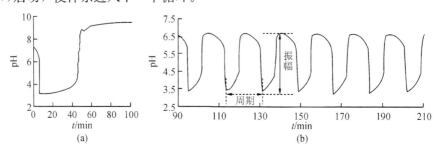

图 2-5 BSF 体系在封闭条件(a)和开放体系(b)中的 pH-t 曲线

振荡反应是一个充满相互竞争的复杂反应体系,振荡是体系在特殊条件下所发生的现象。BSF 体系在封闭条件下难以产生连续振荡,其 pH 随时间变化行为如图 2-5(a)所示。在连续进样反应器中能够产生如图 2-5(b)所示的持续、周期性的大幅 pH 振荡。

2.2.3 特殊 pH 振荡器

表 2-1 中所列 4 个体系 H_2O_2-$Fe(CN)_6^{4-}$、ClO_2^--SO_3^{2-}、$S_2O_4^{2-}$-H^+、$CH_2(OH)_2$-SO_3^{2-}-Gluconolactone 都属于此类特殊的 pH 振荡器。相对而言,这 4 种 pH 振荡器的振幅不大。H^+ 的产生和消耗可以从组成中辨识,但其作用方式与单底物及双底物 pH 振荡器不同。在这些特殊振荡器中,未发现 H^+ 的自催化过程,因此它们到底是否是真正意义上 pH 驱动的振荡器,这也是存在争议的[6]。在 H_2O_2-$Fe(CN)_6^{4-}$ 体系中,pH 由于 H^+ 交替参与两个计量学过程而振荡,振荡的总过程是 $Fe(CN)_6^{3-}$/$Fe(CN)_6^{4-}$ 离子对催化分解 H_2O_2 生成 H_2O 和 O_2,自催化物种为 OH· 和 HO_2·;热分解连二亚硫酸盐的振荡被认为是 HSO_3^- 自催化的;ClO_2^--SO_3^{2-} 振荡器没有自催化物种;而 $CH_2(OH)_2$-SO_3^{2-}-Gluconolactone 体系则更特殊,其 pH 振荡只涉及酸碱反应,而不是氧化还原反应[6]。

2.3 pH 振荡的应用

由于 pH 变化具有普遍性且容易检测,pH 振荡已成为化学振荡研究中的一个热点,其在化学、医学、生命科学以及自动化等领域都有广阔的应用前景。pH 振荡应用的本质方法是将 pH 振荡与非振荡性 pH 敏感的化学、生化或物理过程耦联并刺激目标体系发生重复性响应,该振荡的 pH 刺激应足以改变目标过程的行为却很少被目标过程的变化所影响[6]。pH 振荡的应用包括:诱导非振荡物种振荡,生成新的空间结构形式,产生囊泡和胶束状态的周期性转变,DNA 折叠链与无规卷曲链的构象转变,构建分子马达,设计脉冲给药装置等[6]。

2.3.1 pH 振荡诱导产生元素振荡

几乎所有已知的振荡反应都是基于氧化还原反应的体系,这一现象导致许多化学家得出只有具有多重氧化态的离子才能够参与化学振荡[6]。然而，化学物质的浓度振荡在生命体系中普遍存在，其中不乏诸如 Ca^{2+} 之类的单一氧化态离子参与的周期性过程。Epstein 和 Orbán 等研究发现，将已知的 pH 振荡器与酸碱平衡、络合平衡或沉淀平衡等快速平衡反应耦联，利用 pH 振荡诱导参与平衡的物质产生浓度振荡，有望使不能作为化学振荡器底物的物质产生浓度振荡，而这将有助于理解和探究生命体系中各种元素周期行为的发生机制[6,41,42]。

Epstein 和 Orbán 等[41-43]利用 pH 振荡器 BSF 或 BSM [BrO_3^--SO_3^{2-}-Mn(Ⅱ)]体系分别耦联 Ca-EDTA 络合平衡、$Al(OH)_3$ 沉淀平衡、AlF_4^- 络合平衡，设计了产生 Ca^{2+}、Al^{3+}、F^- 等离子的振荡器，分别为 BSF-CaEDTA、BSM-$Al(NO)_3$、BSM-$Al(NO)_3$-NaF，设计思路见图 2-6。这种产生单一氧化态元素振荡的方法是化学振荡研究的一个重大突破。目前，吉琳等[44]利用 ISF 振荡器耦联 Ca-EDTA 也制成了化学钙振荡器。为扩展 pH 振荡器的耦联体系，Orbán 等[45]将 BS（BrO_3^--SO_3^{2-}/HSO_3^--H^+）振荡器与更复杂的络合平衡——Ni(Ⅱ)和组氨酸(histidine, His)的络合平衡耦联，通过分光光度法实时测试了[Ni^{2+}]、[$NiHis^+$]、[$Ni(His)_2$]的振荡，该报道为研究更复杂的生命体中离子或分子的浓度振荡提供了方法。采用上述方法，Epstein 和 Orbán 等[6]已经设计产生了 Ca^{2+}、Cd^{2+}、Al^{3+}、Zn^{2+}、Co^{2+}、Ni^{2+}、F^-、$(COO)_2^{2-}$、$EDTA^{2-}$ 等多种物质的浓度振荡。

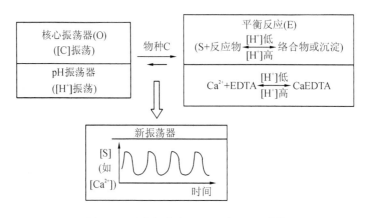

图 2-6 元素振荡产生的设计原理图[41]

左边的核心振荡器 O 产生物种 C 的振荡，会影响右边的平衡反应 E，会使下面的新振荡器中产生目标物种 S 的振荡；实心箭头表明反应 O 对反应 E 的影响比反应 E 对反应 O 的影响更强

2.3.2 pH 振荡作为驱动体系

将 pH 振荡作为刺激源或驱动体系,用于药物控释[46]、控制 DNA 分子的折叠与解链的构象转变[47]、囊泡和胶束状态的周期性转变[48]、自组装或解组装[49]、分子机器[50,51]等化学机械装置的研发,用在生物材料领域。与 B-Z 振荡类似,pH 振荡也可用于诱导响应性聚合物的周期性变化,即用于 pH 敏感的 SOPs 体系的驱动。虽然 B-Z 振荡比 pH 振荡装置更简单,但 pH 振荡驱动的 SOPs 的体积变化比 B-Z 振荡驱动的更大[52],而且 pH 敏感的 SOPs 的体积变化理论上可以无限期进行而不衰减[53]。

早在 1995 年,Yoshida 等[54]就将 pH 振荡器 H_2O_2-SO_3^{2-}-$Fe(CN)_6^{4-}$ 用于驱动 N-异丙基丙烯酰胺-丙烯酸共聚凝胶[P(NIPAAm-co-AAc)],使其产生类似于心脏跳动的周期性、有节奏的溶胀-收缩的机械运动。2002 年,Ryan 等[55]利用 BSF 体系 pH 振荡驱动聚甲基丙烯酸(PMAA)凝胶微粒的自振荡。Simmel 等[56,57]将 Landolt 振荡反应($NaIO_3$-Na_2SO_3-$Na_2S_2O_3$-H_2SO_4,pH 5~7)用到生物大分子 DNA 的构象转变中,实现了富含胞嘧啶的 DNA 链结构随着 pH 的振荡在折叠状态(胞嘧啶质子化,pH<5.5)和无规线团(胞嘧啶去质子化,pH>6.5)之间的周期性变化(图 2-7),该体系有望用于纳米自组装以及纳米组分运输的分子机器。Ryan 等[38,57,58]利用 BSF 振荡器驱动酸性和碱性聚电解质凝胶及纳米纤维发生周期性溶胀和收缩,聚酸和聚碱的振荡行为恰好相反,将这两种凝胶分别制成样条的一面,则该复合凝胶样条在 pH 变化时发生非常有趣的弯曲方向变化(图 2-8)。江雷等[39]则利用 BSF 体系 pH 振荡刺激 pH 响应性光子凝胶发生颜色振荡(图 2-9),该研究利用 pH 振荡产生光能,实现了光学手段检测 pH 振荡的方法,对于实现微型驱动器的可视化在线监测有重大作用。Lagzi 等[48]将有机 pH 振荡器 $CH_2(OH)_2$-SO_3^{2-}-Gluconolactone(pH 7.0~9.5)与胶体体系结合,用 pH 振荡器诱导十八烯酸(oleic acid,OA,pK_a≈8.3)在胶束(约 5 nm,在高 pH 时由去质子化 OA 形成,透明溶液)和囊泡(约 100 nm,在低 pH 时由质子化 OA 形成,乳白色浑浊液)之间的周期性自组装(图 2-10),转变发生在 OA 的 pK_a 附近,该研究表明 pH 振荡可用于控制宏观离子的聚集和分散。Misra 和 Siegel[59]以 pH 振荡器 BrO_3^--SO_3^{2-}-Marble 驱动模拟药物苯甲酸透过乙烯-醋酸乙烯高分子膜作了药物周期性释放的原理验证,发现 pH 振荡可以用于药物控释。最近，Bhalla 和 Siegel[60]开发了一种可以持续一周的间歇性释放激素的激素控释系统。梁恩湘等[61,62]将 pH 振荡器 H_2O_2-$Na_2S_2O_4$用于控制嵌段共聚物 PNIPAM-*b*-PPBA（聚丙烯酰胺苯硼酸衍生物）和 PNIPAM-*b*-Pdiol（聚丙烯酰胺双羟基衍生物）高分子间动态共价键在溶液中的自组装，利用 pH 振荡提供苯硼酸酯键等的可逆"形成"（高 pH）与"断裂"（低 pH）的"开/关"刺激，构建了一种自主、循环、可逆的自组装体系（图 2-11）。最近，Orbán 等[63]最近将 BSF 振荡与蜂窝状的 pH 凝胶（由氧化石墨烯和 PMAA-PEG 共聚物制成）结合，用于控制 Ag 纳米颗粒的吸附/解吸研究。任杰等[64]最近合成出一种新型的 SOPs—P(AA-*co*-AM)/PEG 半互穿网络凝胶，以 BSF 体系 pH 振荡驱动其溶胀和收缩，将 pH 振荡的化学能转变为凝胶的机械能，PAA 和 PEG 良好的生物相容性使该体系在生物材料领域可能更广泛的应用。

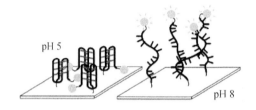

图 2-7　DNA 在 pH 振荡中的构象变化[56]

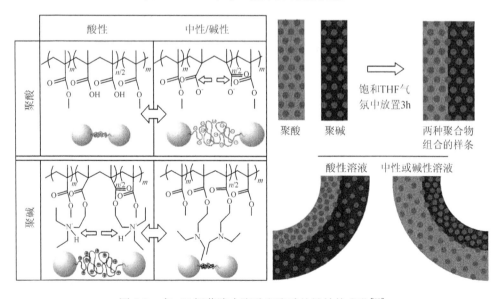

图 2-8　在 pH 振荡液中聚酸和聚碱的链结构变化[58]

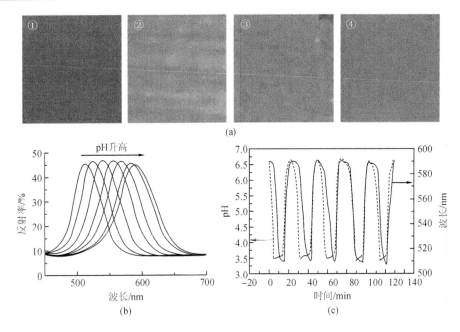

图 2-9 光子凝胶的 pH 响应性[39]

(a) 在 pH 振荡反应中的典型照片(①—蓝色,②—绿色,③—黄色,④—橙色);(b) 波长随 pH 的变化(pH 从 3.3 到 6.7);(c) 光子凝胶在 BSF 振荡反应中的波长振荡(虚线为 pH 变化,实线为凝胶的波长变化)

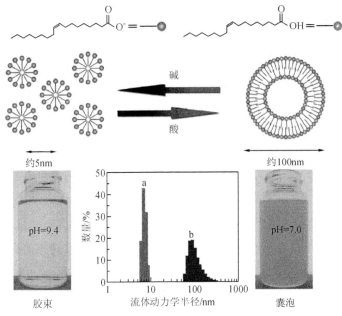

图 2-10 在 pH 振荡(pH 7.0~9.4)中十八烯酸分子在胶束和囊泡之间的互变自组装[48]

中间图中胶束 a 和囊泡 b 的尺寸分布由动态光散射(DLS)法分别在 pH=9.4 和 pH=7.0 测试

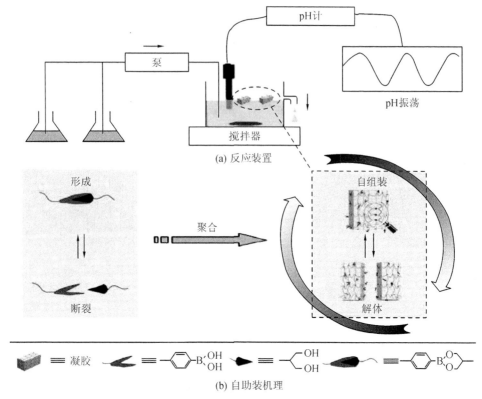

图 2-11　pH 振荡驱动的含苯硼酸酯动态共价键凝胶的动态可逆组装行为示意图[62]

综上所述，pH 振荡既可以作为研究生物体内物质振荡机理的模拟体系，又可以结合 pH 敏感的聚合物产生新颖的化学机械装置，因此从研究和应用两方面讲，pH 振荡都具有极高的研究价值。

2.4　pH 振荡装置

已见报道的 pH 振荡大多发生在 CSTR 条件下，部分发生在封闭、半封闭条件。鉴于封闭、半封闭条件的反应装置相对简单[7]，下面主要介绍 CSTR 各种装置的搭建、检测及优劣，并以 BSF 体系为例讲述 pH 振荡的实验方法。

2.4.1　CSTR 装置

以 BSF 体系为例，参与振荡的物质为 4 种：溴酸盐（$KBrO_3$ 或 $NaBrO_3$）、亚铁氰化钾[$K_4Fe(CN)_6 \cdot 3H_2O$]、亚硫酸钠（Na_2SO_3）、硫酸（H_2SO_4），其中 $K_4Fe(CN)_6$、

Na_2SO_3、H_2SO_4这三者之间相互不反应,但前两者与溴酸盐皆可发生氧化还原反应[式(2-5)和式(2-6)]。若将 4 种反应液在反应前混合,然后再以一定流速进入到反应器中则因反应提前进行甚至已达到平衡态而检测不到 pH 振荡现象。因此,为保证反应液在进入反应器之前互相不反应,采用分通道进样的方式。反应物料的进样可以采用四通道的连续流动进样反应器分别进 4 种溶液,也可以采用二通道的分别进溴酸盐溶液和其余三种物质的混合液。张媛媛[65]曾提出 BSF 体系在二通道的 CSTR 中不能发生 pH 振荡,然而其他文献报道[39]证实二通道的 CSTR 可以发生振荡。本课题组研究发现,在保持反应物浓度不变的条件下,二通道 CSTR 与四通道 CSTR 发生振荡的单通道进样流速不同。图 2-12～图 2-14 均为 4 种反应物的 pH 振荡器的振荡装置图。

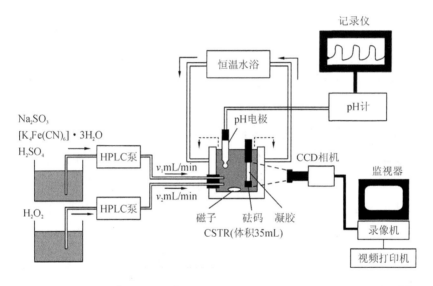

图 2-12　H_2O_2-SO_3^{2-}-$Fe(CN)_6^{4-}$ 体系 pH 振荡中测试凝胶尺寸的实验装置[66]

图 2-12 是二通道 CSTR 装置,以 H_2O_2-SO_3^{2-}-$Fe(CN)_6^{4-}$ 为驱动体系将 pH 振荡的化学能直接转化为凝胶的机械能的"分子马达"的装置图[66]。将相互不发生反应的 3 种物质 Na_2SO_3、$K_4Fe(CN)_6$·$3H_2O$ 和 H_2SO_4 混合进样,氧化剂 H_2O_2 单独进样,采用高效液相色谱(HPLC)泵将反应液从分别从两个通道注入具有固定保留体积且水浴恒温的夹套反应器中,多余的反应液从上端溢出或导出;电磁搅拌确保溶液混合均匀并发生振荡;pH 玻璃电极置于适当的位置检测体系的 pH 变化,通过将 pH 计与电脑或记录仪连接,记录 pH 随时间的变化;

"分子马达"的核心是 pH 敏感的凝胶,该凝胶加载在砝码或反应器壁上,与 pH 振荡器耦联并在 pH 振荡驱动下体积发生周期性变化,用 CCD 相机记录凝胶的体积变化。理想的凝胶与 pH 振荡器的频率相同且在振荡器的 pH 变化范围内体积变化大[6]。目前 HPLC 用的泵主要是往复式柱塞泵,比较精密,是应用广泛的一种恒流泵,基本可以保证进样流速的稳定和反应器中各反应液浓度的恒定,从而能保证 pH 振荡的振幅和周期基本不变。

图 2-13 为本课题组所用的 BSF 体系 pH 振荡的四通道 CSTR 装置图[67]。用蠕动泵将 4 种反应液以一定速率从底部注入水浴恒温的玻璃夹套反应器(反应器下端 4 个进口之间相邻两个的夹角为 90°,上端有一个出口,液体在反应器中的保留体积 $V=60\text{mL}$)中,多余的反应液用恒流泵从反应器上端导出;用转速可控的搅拌器提供搅拌;反应液中插入 pH 电极和离子选择性电极(如 Ca-ISE)检测体系中 pH 变化以及某种离子 M 的浓度(pM)变化(若仅测 pH 变化,则撤掉离子选择性电极即可)。pH 计和离子计通过 RS232 接口分别与两台计算机连接,使用仪器自带软件或"串口调试助手"软件连续采集电位变化、pH 变化和 pM 变化数据,用 Excel 或 Origin 绘出电位-时间(t)、pH-t、pM-t 曲线,从中获取振幅和周期数据。蠕动泵靠滚轮机械挤压硅胶管进样,与 HPLC 泵相比,其耐久性和精密度都要差一些,而且进样流速在实验 2~3d 后有所漂移,必须定期进行流量校准,而流量校准费时费力。由于硅胶管质地软、有弹性,多通道蠕动泵各通道的进样流速很难达到完全相同,这就会造成 pH 振荡的振幅和周期随时间发生变化。但从经济角度考虑,蠕动泵比 HPLC 泵要便宜很多,前者约为后者价格的 1/4。水浴恒温的四通道夹套反应器的控温效果很好,但其加工价格昂贵,是由普通烧杯加工的 4 进 1 出反应器(约 30 元)的 20 多倍;前者需用恒温浴槽控温,控温精度受其控制,还需用磁力搅拌器搅拌,而后者可用集热式恒温磁力搅拌器同时提供温控和搅拌,但温控效果不佳。另外,经长期实验发现,pH 计的精度和稳定性对 pH 测试影响很大。例如,赛多利斯公司的 PP-50 型专业 pH 计,精度高、稳定性好,pH 电极在校准后可连续使用一个月基本不漂移,记录数据不会出现过大或过小的异常值;相比而言,国产的 PHSJ-4F 型 pH 计则稳定性较差,经常在使用时显示需要校准,1~3d 需校准一次,测试中经常性出现异常点,且不定时出现记录软件失控的现象,给实验带来诸多不便。然而,从价格来看,前者 3 万~4 万元,后者只需 3000~4000 元。

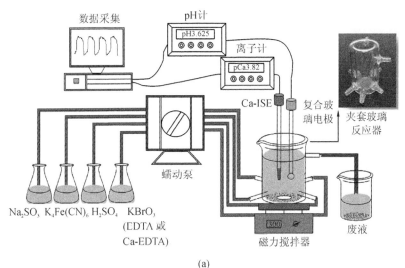

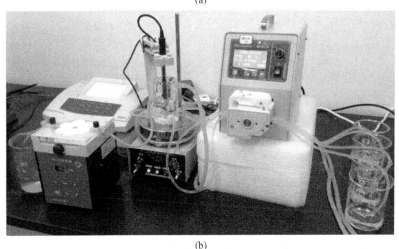

图 2-13 pH 振荡装置示意图(a)及实物图(b)[67]

图 2-14 是本课题组为 BSF 体系 pH 振荡所开发的一个简易装置[68]。4 进 1 出的反应器用塑料烧杯改造而成，进口、出口用微量移液器的塑料枪头连接管路。靠液体压力进样，用医用一次性输液器作为流速控制器，多余的废液从反应器上端支管自行溢出。用集热式恒温磁力搅拌器控温和搅拌，PB-10 型酸度计测试 pH 变化，手工记录数据。该装置成本低廉，但控制流速受液体量和输液器 PE 管弹性差的限制，虽然能够获得 pH 振荡，却规律性相对较差；且塑料烧杯和枪头的热膨胀率不同，在水浴中恒温久了容易漏液；再者，手工记录数据易出错，记录时间也不持久。对于单纯获得 pH 振荡的现象而不进行深入研究的学生

演示实验而言，该装置容易搭建。

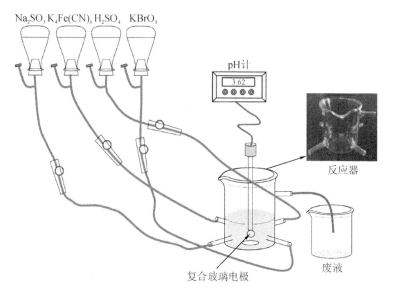

图 2-14　BSF 体系 pH 振荡简易装置图[68]

一般而言，反应液从反应器底部进样容易混合均匀，故大多 CSTR 装置都是从底部进样，也有个别从反应器上端进样的报道[50,59]。

2.4.2　实验方法

BSF 体系 4 种物质的最常用浓度[7,39,57,65,68-70]分别为：$[KBrO_3]_0=0.065$mol/L，$[Na_2SO_3]_0=0.075$mol/L，$[K_4Fe(CN)_6]_0=0.02$mol/L，$[H_2SO_4]_0=0.01$mol/L，所列浓度皆为储备液进入反应器的初始浓度。取分析纯的 $KBrO_3$、无水 Na_2SO_3、$K_4Fe(CN)_6 \cdot 3H_2O$ 和浓 H_2SO_4 试剂，用二次蒸馏水或超纯水配制储备溶液。若采用四通道进样，则需配制储备液的直接浓度分别为：$[KBrO_3]=0.26$mol/L，$[Na_2SO_3]=0.3$mol/L，$[K_4Fe(CN)_6]=0.08$mol/L，$[H_2SO_4]=0.04$mol/L。储备液的存放对于 BSF 体系能否振荡影响很大：Na_2SO_3 溶液很容易变质[65]，最好现配现用(3h 以内)，放置一天以后则不能产生振荡；$K_4Fe(CN)_6$ 溶液须用棕色瓶密闭保存，防止其见光分解以及氧化[19,71,72]。

搭建如图 2-13 所示的反应装置，实验前必须用储备液润洗反应器并充满管路。为缩短进样时间，可先向反应器中加入恒温的 4 种储备液一定量(如各 10mL，其中 $KBrO_3$ 最后加，因为它的加入会立即启动反应)，然后用蠕动泵将

4 种储备液以一定流速持续注入反应器中[如 1210μL/(min·通道)],多余的反应液由恒流泵从反应器上端支管导出。反应器温度由精密的恒温循环水浴控制,磁力搅拌器提供连续搅拌,高精度 pH 计(或/和离子计)连续检测体系中 pH(或/和 pM)的变化,用计算机间隔一定时间(如 10s 或 15s)记录一组数据,绘制 pH-t(或/和 pM-t)曲线,从中求出振荡周期和振幅。为准确起见,一般取除了第一个振荡周期之后的 3~4 个周期的平均值作为振幅和周期的数值,因此至少记录 5 个振荡周期的数据才具有代表性。

参 考 文 献

[1] Rábai G, Hanazaki I. pH oscillations in the bromate sulfite marble semibatch and flow systems. J Phys Chem, 1996, 100(25): 10615-10619.

[2] Orbán M, Epstein I R. A new halogen-free chemical oscillator: the reaction between sulfide ion and hydrogen peroxide in a CSTR. J Am Chem Soc, 1985, 107(8): 2302-2305.

[3] Edblom E C, Orbán M, Epstein I R. A new iodate oscillator: the Landolt reaction with ferrocyanide in a CSTR. J Am Chem Soc, 1986, 108(11): 2826-2830.

[4] Edblom E C, Luo Y, Orb n M, et al. Systematic design of chemical oscillators. 45. Kinetics and mechanism of the oscillatory bromate-sulfite-ferrocyanide reaction. J Phys Chem, 1989, 93(7): 2722-2727.

[5] Rábai G, Orbán M, Epstein I R. Systematic design of chemical oscillators. 64. Design of pH-regulated oscillators. Acc Chem Res, 1990, 23(8): 258-263.

[6] Orbán M, Kurin-Csörgei K, Epstein I R. pH-regulated chemical oscillators. Acc Chem Res, 2015, 48(3): 593-601.

[7] Poros E, Horváth V, Kurin-Csörgei K, et al. Generation of pH-oscillations in closed chemical systems: method and applications. J Am Chem Soc, 2011, 133(18): 7174-7179.

[8] Kovacs K, McIlwaine R E, Scott S K, et al. An organic-based pH oscillator. J Phys Chem A, 2007, 111(4): 549-551.

[9] Kovacs K, McIlwaine R E, Scott S K, et al. pH oscillations and bistability in the methylene glycol-sulfite-gluconolactone reaction. Phys Chem Chem Phys, 2007, 9(28): 3711-3716.

[10] 高庆宇,薛万华,林娟娟,等. H_2O_2-KSCN-$CuSO_4$-NaOH 非线性反应在封闭体系中的新现象. 科学通报, 1996, 41(14): 1289-1292.

[11] Kovács K, Rábai G. Large amplitude pH oscillations in the hydrogen peroxide-dithionite reaction in a flow reactor. J Phys Chem A, 2001, 105(40): 9183-9187.

[12] 高庆宇,林娟娟,马克勤,等. CSTR 中 H_2O_2-KSCN-$CuSO_4$ 非线性反应体系的研究. 物理化学学报,

1995, 11(6): 488-490.

[13] Ji L, Wang H Y, Hou X T. Complexation amplified pH oscillation in metal involved systems. J Phys Chem A, 2012, 116(28): 7462-7466.

[14] Orbán M, Epstein I R. Chemical oscillators in group VIA: The Cu(II)-catalyzed reaction between hydrogen peroxide and thiosulfate ion. J Am Chem Soc, 1987, 109(1): 101-106.

[15] Rábai G, Nagy Z V, Beck M T. Quantitative description of the oscillatory behavior of the iodate-sulfite-thiourea system in CSTR. React Kinet Catal Lett, 1987, 33(1): 23-29.

[16] Rábai G, Beck M T. Exotic kinetic phenomena and their chemical explanation in the iodate-sulfite-thiosulfate system. J Phys Chem, 1988, 92(10): 2804-2807.

[17] Rábai G, Beck M, Kustin K, et al. Sustained and damped pH oscillations in the periodate-thiosulfate reaction in continuous-flow stirred tank reactor. J Phys Chem, 1989, 93(7): 2853-2858.

[18] Rábai G, Epstein I R. Oxidation of hydroxylamine by periodate in a continuous-flow stirred tank reactor: a new pH oscillator. J Phys Chem, 1989, 93(22): 7556-7559.

[19] Rábai G, Kustin K, Epstein I R. A systematically designed pH oscillator: the hydrogen peroxide-sulfite-ferrocyanide reaction in a continuous-flow stirred tank reactor. J Am Chem Soc, 1989, 111(11): 3870-3874.

[20] Orbán M, Epstein I R. Chemical oscillators in group VIA: The Cu(II)-catalyzed reaction between thiosulfate and peroxodisulfate ions. J Am Chem Soc, 1989, 111(8): 2891-2896.

[21] Rábai G, Kustin K, Epstein I R. Systematic design of chemical oscillators. 57. Light-sensitive oscillations in the hydrogen peroxide oxidation of ferrocyanide. J Am Chem Soc, 1989, 111(21): 8271-8273.

[22] Rábai G, Epstein I R. Large amplitude pH oscillation in the oxidation of hydroxylamine by iodate in a continuous-flow stirred tank reactor. J Phys Chem, 1990, 94(16): 6361-6365.

[23] Orbán M, Epstein I R. A new type of oxyhalogen oscillator: the bromite-iodide reaction in a continuous flow reactor. J Am Chem Soc, 1992, 114(4): 1252-1256.

[24] Orbán M, Epstein I R. Simple and complex pH oscillations and bistability in the phenol-perturbed bromite-hydroxylamine reaction. J Phys Chem, 1994, 98(11): 2930-2935.

[25] Orbán M, Epstein I R. A new bromite oscillator. Large-amplitude pH oscillations in the bromite-thiosulfate-phenol flow system. J Phys Chem, 1995, 99(8): 2358-2362.

[26] 高庆宇, 汪跃民, 臧稚茹, 等. 硫化合物与 H_2O_2 在非催化反应中的非线性行为. 物理化学学报, 1996, 12(1): 1-3.

[27] Frerichs G A, Thompson R C. A pH-regulated chemical oscillator: the homogeneous system of hydrogen peroxid-sulfite-carbonate-sulfuric acid in a CSTR. J Phys Chem A, 1998, 102(42): 8142-8149.

[28] Rábai G, Okazaki N, Hanazaki I. Kinetic role of CO_2 escape in the oscillatory H_2O_2-HSO_3^--HCO_3^- flow system. J Phys Chem A, 1999, 103(36): 7224-7229.

[29] Okazaki N, Rábai G, Hanazaki I. Discovery of novel bromate-sulfite pH oscillators with Mn^{2+} or MnO_4^-

as a negative-feedback species. J Phys Chem A, 1999, 103(50): 10915-10920.

[30] Rábai G, Hanazaki I. Chaotic pH oscillations in the hydrogen peroxide-thiosulfate-sulfite flow system. J Phys Chem A, 1999, 103(36): 7268-7273.

[31] Frerichs G A, Mlnarik T M, Grun R J, et al. A new pH oscillator: the chlorite-sulfite-sulfuric acid system in a CSTR. J Phys Chem A, 2001, 105(5): 829-837.

[32] Hauser M J B, Strich A, Bakos R, et al. pH oscillations in the hemin-hydrogen peroxide-sulfite reaction. Faraday Discuss, 2002, 120(2): 229-236.

[33] Kovács K M, Rábai G. Mechanism of the oscillatory decomposition of the dithionite ion in a flow reactor. Chem Commun, 2002, (7): 790-791.

[34] SzántóT G, Rábai G. pH oscillations in the $BrO_3^- $-$SO_3^{2-}/HSO_3^-$ reaction in a CSTR. J Phys Chem A, 2005, 109(24): 5398-5402.

[35] Yuan L, Yang T, Liu Y, et al. pH Oscillations and mechanistic analysis in the hydrogen peroxide-sulfite-thiourea reaction system. J Phys Chem A, 2014, 118(15): 2702-2708.

[36] Rábai G. pH-oscillations in a closed chemical system of $CaSO_3$-H_2O_2-HCO_3^-. Phys Chem Chem Phys, 2011, 13(30): 13604-13606.

[37] Hoffmann M R. Kinetics and mechanism of oxidation of hydrogen sulfide by hydrogen peroxide in acidic solution. Environ Eng Sci, 1977, 11(1): 61-67.

[38] Ryan A J, Crook C J, Howse J R, et al. Responsive brushes and gels as components of soft nanotechnology. Faraday Discuss, 2005, 128: 55-74.

[39] Tian E, Ma Y, Cui L, et al. Color-oscillating photonic crystal hydrogel. Macromol Rapid Commun, 2009, 30(20): 1719-1724.

[40] Sato N, Hasegawa H H, Kimura R, et al. Analysis of the bromate-sulfite-ferrocyanide pH oscillator using the particle filter: toward the automated modeling of complex chemical systems. J Phys Chem A, 2010, 114(37): 10090-10096.

[41] Kurin-Csörgei K, Epstein I R, Orbán M. Systematic design of chemical oscillators using complexation and precipitation equilibria. Nature, 2005, 433(1): 139-142.

[42] Kurin-Csörgei K, Epstein I R, Orbön M. Periodic pulses of calcium ions in a chemical system. J Phys Chem A, 2006, 110(24): 7588-7592.

[43] Horvöth V, Kurin-Csörgei K, Epstein I R, et al. Oscillations in the concentration of fluoride ions induced by a pH oscillator. J Phys Chem A, 2008, 112(18): 4271-4276.

[44] 吉琳, 张媛媛, 胡文祥, 等. 碘酸盐-亚硫酸盐-亚铁氰化物反应在CSTR体系中诱导的钙振荡. 北京理工大学学报, 2009, 29(7): 648-650, 658.

[45] Poros E, Kurin-Csörgei K, Szalai I, et al. Periodic changes in the distribution of species observed in the Ni^{2+}-histidine equilibrium coupled to the BrO_3^--SO_3^{2-} pH oscillator. J Phys Chem A, 2014, 118(34): 6749-6756.

[46] Taylor A F, Kovács K, Scott S K. Nonlinear pH responsive chemomechanical devices. Polymer Preprints, 2008, 49(1): 804.

[47] Liedl T, Simmel F C. Switching the conformation of a DNA molecule with a chemical oscillator. Nano Lett, 2005, 5(10): 1894-1898.

[48] Lagzi I, Wang D, Kowalczyk B, et al. Vesicle-to-micelle oscillations and spatial patterns. Langmuir, 2010, 26(17): 13770-13772.

[49] Nabika H, Oikawa T, Iwasaki K, et al. Dynamics of gold nanoparticle assembly and disassembly induced by pH oscillations. J Phys Chem C, 2012, 116(10): 6153-6158.

[50] Nakagawa H, Hara Y, Maeda S, et al. A pendulum-like motion of nanofiber gel actuator synchronized with external periodic pH oscillation. Polymers, 2011, 3(1): 405-412.

[51] Buyukcakir O, Yasar F T, Bozdemir O A, et al. Autonomous shuttling driven by an oscillating reaction: proof of principle in a cucurbit[7]uril-bodipy pseudorotaxane. Org Lett, 2013, 15(5): 1012-1015.

[52] 周宏伟, 梁恩湘, 郑朝晖, 等. 基于 Belousov-Zhabotinsky 自振荡反应的智能高分子. 化学进展, 2011, 23(11): 2368-2376.

[53] 唐业仓. 响应性聚合物的研究. 合肥: 中国科学技术大学博士学位论文, 2008.

[54] Yoshida R, Ichijo H, Hakuta T, et al. Self-oscillating swelling and deswelling of polymer gels. Macromol Rapid Commun, 1995, 16(4): 305-310.

[55] Crook C J, Smith A, Jones R A L, et al. Chemically induced oscillations in a pH-responsive hydrogel. Phys Chem Chem Phys, 2002, 4: 1367-1369.

[56] Liedl T, Olapinski M, Simmel F C. A surface-bound DNA switch driven by a chemical oscillator. Angew Chem Int Ed, 2006, 45(30): 5007-5010.

[57] Howse J R, Topham P, Crook C J, et al. Reciprocating power generation in a chemically driven synthetic muscle. Nano Lett, 2006, 6(1): 73-77.

[58] Topham P D, Howse J R, Crook C J, et al. Antagonistic triblock polymer gels powered by pH oscillations. Macromolecules, 2007, 40(13): 4393-4395.

[59] Misra G P, Siegel R A. Multipulse drug permeation across a membrane driven by a chemical pH-oscillator. J Control Release, 2002, 79(1): 293-297.

[60] Bhalla A S, Siegel R A. Mechanistic studies of an autonomously pulsing hydrogel/enzyme system for rhythmic hormone delivery. J Control Release, 2014, 196: 261-271.

[61] 梁恩湘. 基于 pH 振荡反应的动态可逆高分子自组装体系的研究. 北京: 中国科学院大学博士学位论文, 2013.

[62] Liang E, Zhou H, Ding X, et al. Fabrication of a rhythmic assembly system based on reversible formation of dynamic covalent bonds in a chemical oscillator. Chem Commun, 2013, 49(47): 5384-5386.

[63] Jang J H, Orbán M, Wang S, et al. Adsorption-desorption oscillations of nanoparticles on a honeycomb-patterned pH-responsive hydrogel surface in a closed reaction system. Phys Chem Chem Phys, 2014, 16

(46): 25296-25305.

[64] Wang L P, Ren J, Yao M Q, et al. Synthesis and characterization of self-oscillating P(AA-co-AM)/PEG semi-IPN hydrogels based on a pH oscillator in closed system. Chinese J Polym Sci, 2014, 32(12): 1581-1589.

[65] 张媛媛. pH 振荡和 pH-Ca^{2+} 复合振荡反应研究. 北京：首都师范大学硕士学位论文，2009.

[66] Yoshida R, Yamaguchi T, Ichijo H. Novel oscillating swelling-deswelling dynamic behaviour for pH-sensitive polymer gels. Mater Sci Eng C, 1996, 4(2): 107-113.

[67] Yang S, Hou Y L, Hu D D. On pH and Ca^{2+} oscillations monitored by pH electrode and Ca-ISE in bromate-sulfite-ferrocyanide system introduced Ca-EDTA. Bull Korean Chem Soc, 2015, 36(1): 237-243.

[68] 杨珊，侯玉龙，王香爱. 三聚氰胺和 VC 对 BSF 体系 pH 振荡的影响. 应用化工，2013，42(12)：2308-2310，2312.

[69] 侯玉龙，杨珊，胡道道. 有机弱酸盐对 pH 振荡反应的影响. 陕西师范大学学报，2014，42(6)：45-49.

[70] Bilici C, Karayel S, Demir T T, et al. Self-oscillating pH-responsive cryogels as possible candidates of soft materials for generating mechanical energy. J Appl Polym Sci, 2010, 118(5): 2981-2988.

[71] Emeléus H J, Sharpe A G. Advances in inorganic chemistry and radiochemistry. New York: Academic Press, 1966, 8: 83-176.

[72] Ašpergěr S. Kinetics of the decomposition of potassium ferrocyanide in ultra-violet light. Trans Faraday Soc, 1952, 48(1): 617-624.

第 3 章 物理因素对 pH 振荡的影响

无论 pH 振荡用于诱导元素振荡还是作为刺激源用于驱动智能化学机械装置，与耦联对象 pH 响应性的匹配和调节都与振荡周期和振幅密切相关。因此，无论将 pH 振荡应用于哪个领域，调节 pH 振荡的周期和振幅以满足不同体系的需求都非常必要。从众多文献报道中不难看出，适应智能材料刺激响应的 pH 振荡体系并不是很多，而 pH 响应的智能材料因体系不同，拟耦合的 pH 振荡体系的振荡行为需要相应的匹配性。因而寻求适应性强且振荡行为调控范围大的 pH 振荡体系显得非常必要。对于给定的 pH 振荡体系，要满足不同智能材料刺激响应需求，系统地研究 pH 振荡行为的影响因素就成为首要问题。而 pH 振荡行为高度依赖于振荡条件，这使得通过改变振荡条件以调节驱动力的大小成为可能。

pH 振荡器振荡与否、振荡行为如何与诸多因素有关[1]。本章以 BrO_3^--SO_3^{2-}-$Fe(CN)_6^{4-}$（简称 BSF）体系为 pH 振荡模型，研究温度、流速、搅拌速率、进样方式、反应器结构、测试位置等物理因素对 pH 振荡行为的影响规律，期望通过关键物理因素的改变来调控 pH 振荡行为以满足应用需求。BSF 体系的毒性和腐蚀性很小[2]，能够产生大幅的 pH 振荡，适合作为很多智能材料 pH 响应的驱动体系。BSF 体系在封闭条件下不产生振荡，其 pH 随时间的变化行为是典型的 pH 时钟反应（clock reaction）[1][图 2-5(a)]；该体系在连续流动的开放体系中能够产生持续的、周期性大幅 pH 振荡[图 2-5(b)]。

3.1 表观活化能的测试

化学反应普遍受反应温度的影响，反应温度对反应速率的影响存在 Arrhenius 经验方程 $\ln k = -\dfrac{E_a}{RT}+A$。式中，$R$ 为摩尔气体常数；k 为反应速率常数；E_a 为反应活化能；T 为反应温度。反应活化能越高，表示反应对温度越敏感。因此，测定反应活化能数据，有利于优化反应条件。pH 振荡器发生振荡与否、振荡行为如何皆受温度影响，因此测试 BSF 体系两个复合反应对解析和控制其正负反馈反应从而控制 pH 振荡行为具有重要的理论意义。

在封闭条件下测试 BSH 和 BFH 反应的表观活化能。在恒温、搅拌下,向 50mL 烧杯中依次加入已恒温的二次水和储备液 Na_2SO_3、H_2SO_4、$KBrO_3$ 各 10mL,立即用 pH 计测试体系 pH,用计算机每隔 15s 记录一组 pH 和时间(t)数据,用 Excel 或 Origin 绘制 pH-t 曲线,从中求出 BSH 反应达平衡的时间(t_{pos})。用等体积的 $K_4Fe(CN)_6$ 代替 Na_2SO_3 实验,得到 BFH 反应的 pH-t 曲线,从中求出 BFH 反应达到平衡的时间(t_{neg})。加入等体积的 4 种储备液,得到 BSF 反应的 pH-t 曲线。用此方法分别测试温度为 25℃、30℃、35℃、40℃和 45℃下 BSH 和 BFH 反应达到平衡的时间。以 Arrhenius 公式 $\ln k = -\dfrac{E_a}{RT} + A$ 计算反应的表观活化能。反应速率常数 k 用时间的倒数($1/t$)表示,以 $\ln\dfrac{1}{t_{pos}}$ 和 $\ln\dfrac{1}{t_{neg}}$ 分别对温度的倒数 $\dfrac{1}{T}$ 作图[3],求 BSH 和 BFH 反应的活化能。

BSH 和 BFH 反应典型的 pH-t 曲线如图 3-1 所示,不同温度下两个反应达到平衡的时间列于表 3-1,反应速率与温度的关系见图 3-2。由图 3-1 可知,BSH 反应导致体系 pH 降低至一定值,称为正反馈,是个快反应;BFH 反应导致体系 pH 升高至一定值,称为负反馈,比 BSH 反应慢得多;因此,由这两个反应构成的 BSF 体系 pH 呈现先下降后升高的趋势,当没有新物质的引入时,pH 升高至一定值时体系达到平衡态,pH 基本保持不变。由图 3-2 可知,BSH 和 BFH 反应皆随着温度的升高而加快,且由曲线斜率可见,温度对 BSH 反应速率的影响更大;由曲线的线性方程 $y = 6.8844x - 17.059 (R^2 = 0.957)$ 和 $y = 9.7503x - 24.529 (R^2 = 0.996)$ 可求得 BSH 和 BFH 反应的活化能分别为 $E_{pos} = 57.21 \text{kJ/mol}$ 和 $E_{neg} = 78.63 \text{kJ/mol}$。活化能越小,反应速率越快,因而 BSH 反应比 BFH 反应更快。

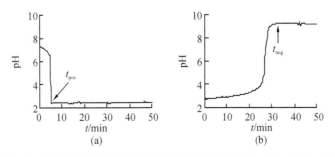

图 3-1 封闭条件下 BSH(a)和 BFH(b)反应典型的 pH-t 曲线 (30℃)

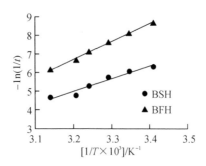

图 3-2 反应温度对 BSH 和 BFH 反应速率的影响

表 3-1 BSH 和 BFH 反应达到平衡的时间与温度的关系

T/K	293	298	303	308	311	318
t_{pos}/s	555	435	315	195	120	105
t_{neg}/s	5910	3465	2010	1215	765	465

3.2 各物理因素对 pH 振荡行为的影响

在连续流动搅拌反应器(CSTR)中考察各物理因素对 BSF 体系 pH 振荡的影响规律。搭建 2.4 节中图 2-13 所示的反应装置,先向反应器中加入 4 种储备液各 10mL,然后用蠕动泵将 4 种储备液分别从下端的四个支管持续地送进反应器中,多余的反应液由恒流泵从反应器上端支管导出(溶液的保留体积 $V=60$mL)。由恒温加热磁力搅拌器对反应控温并连续搅拌,用高精度 pH 计连续检测体系中 pH 的变化,绘制 pH-t 曲线,从中求出振荡周期和振幅。考察温度(T)、流速(v)和搅拌速率(ω)对振荡影响时,每次只改变一个因素,固定其他 2 个因素和硫酸浓度(酸度),具体的实验条件如表 3-2 所示。实验中 $KBrO_3$、Na_2SO_3、$K_4Fe(CN)_6$ 的浓度始终保持不变。其中流速实验是在其他条件不变的情况下连续改变流速进行测试,搅拌速率实验亦同。测试体系 pH 变化,绘制 pH-t 曲线,从中求出振荡周期和振幅,并分别对时间作图。

表 3-2 各因素对 pH 振荡影响的实验条件

实验条件	温度/℃	流速/[μL/(min·通道)]	搅拌速率/(r/min)	[H_2SO_4]/(mmol/L)
温度	25			
	30	1210	360	10.00
	35			
	40			

续表

实验条件	温度/℃	流速/[μL/(min·通道)]	搅拌速率/(r/min)	[H_2SO_4]/(mmol/L)
流速 a	30	417 710 1000 1210 1490 1710 2000	360	10.00
流速 b	30	417 835 1000 1210	225	6.25
搅拌速率	30	1210	450 360 280 225 170 0	10.00

3.2.1 温度对 pH 振荡行为的影响

在一定的流速、酸度和搅拌速率下，BSF 体系在 25℃、30℃、35℃ 及 40℃ 时的 pH-t 曲线见图 3-3，振幅和周期的数据见表 3-3。从图中可以看出，随着温度的升高，振荡周期（τ）和振幅（ΔpH）都减小，而周期的减小更显著；温度对 BSH 反应速率的影响比 BFH 反应的要大。以 $\ln(1/\tau)$ 对 $1/T$ 作图，计算周期活化能 $E_p=32.08$ kJ/mol。由于 BSH 和 BFH 反应的速率皆随温度的升高而加快，因而 BSF 振荡的周期随温度的升高而减小，振幅也随之减小。温度过低时，未达到反应的活化能需求，振荡无法启动；温度过高时，反应速率过快，体系迅速达到平衡态，观察不到振荡现象。实验发现，适当增大流速能够提高发生振荡的温度上限[3]。在实验条件下，振幅和周期与温度存在图 3-4 所示的线性关系：ΔpH$=-0.0461T+4.612$，$\tau=-0.7096T+39.832$。

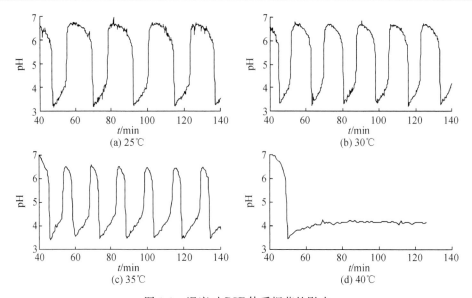

图 3-3　温度对 BSF 体系振荡的影响

搅拌速率 360r/min，流速 1210μL/(min·通道)

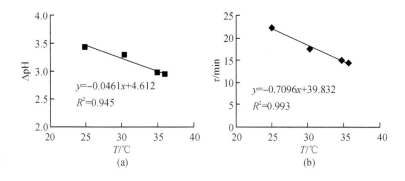

图 3-4　温度与 pH 振荡的振幅(a)和周期(b)的关系

表 3-3　温度对 BSF 体系振幅和周期的影响

温度/℃	ΔpH	周期/min
25.0	3.4	22.50
30.5	3.3	17.50
35.0	3.0	14.80

3.2.2　流速对 pH 振荡行为的影响

外文文献对 BSF 体系振荡条件的报道中，对流速的叙述是以溶液在反应器中的保留时间的倒数 k 来表示($k=$ 流速 $v/$ 保留体积 V)[4,5]，这种表示方法虽然科学,但并未考虑搅拌速率的影响,且很不直观,不利于调控振荡。本章固定反应器体积 $V=60$ mL 和搅拌速率,研究不同流速下 BSF 体系的振荡规律。

在一定的温度和搅拌速率下,流速对 BSF 体系 pH 振荡行为的影响见图 3-5,振幅和周期数据见表 3-4。由图 3-5(a)可见,发生稳定、规则的振荡有最低临界流速(LCFR)。当流速低于临界流速时,流入体系的物质的量过少,被 BSH 和 BFH 反应迅速消耗掉,BSF 体系迅速达到平衡态,难以产生振荡;当流速达到或高于 LCFR 时,流入体系的物质的量与反应速率在一定范围内匹配,能够产生大幅的振荡,且振幅和振期都随着流速的增大而增大,存在图 3-6 所示的线性关系:$\Delta pH=0.0003v+2.900$,$\tau=0.0022v+14.082$。流速增大,进入体系的反应物质增多,达到同样反应程度消耗的时间延长,因而周期增大,振幅也随之增大。由图 3-5(b)可见,BSF 体系的振荡还有最高临界进样流速(HCFR),超过此流速,振荡被进入体系的巨大的物质流所淹没,也难以产生振荡现象。比较图 3-5(a)和图 3-5(b)可知,适当降低酸度会降低 LCFR 和 HCFR,反之,增大酸度会提高 LCFR 和 HCFR。研究发现,BSF 体系的 LCFR 和 HCFR 都随着温度的升高而增大。考虑节约试剂的原则,一般以流速不超过 2000μL/(min·通道)为宜。

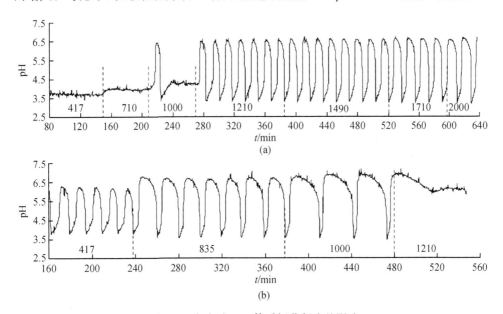

图 3-5 流速对 BSF 体系振荡行为的影响

(a) $[H_2SO_4]_0=10.00$ mmol/L,搅拌速率 360r/min;(b) $[H_2SO_4]_0=6.25$ mmol/L,搅拌速率 225r/min。图中数字代表所在区域的流速,单位 μL/(min·通道),温度 30℃

表 3-4　流速对 BSF 体系振幅和周期的影响

酸度/(mmol/L)	流速/[μL/(min·通道)]	ΔpH	周期/min	酸度/(mmol/L)	流速/[μL/(min·通道)]	ΔpH	周期/min
10.00	417~1000	—	—	6.25	417	2.38	14.75
	1210	3.26	16.88		835	2.97	19.50
	1490	3.39	17.00		1000	3.28	31.25
	1711	3.45	17.75		1210	—	—
	2000	3.53	18.75				

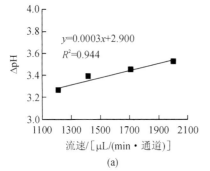 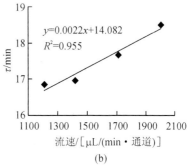

图 3-6　流速与 pH 振荡的振幅(a)和周期(b)的关系

$[H_2SO_4]$ =10.00mmol/L, 搅拌速率 360r/min

3.2.3　搅拌速率对 pH 振荡行为的影响

BSF 体系必须在 CSTR 条件下才能够发生振荡，即必须在搅拌下才能够发生振荡，如果搅拌停止，则振荡也会很快终止。本研究发现，搅拌速率对周期和振幅都有一定的影响。实际的搅拌速率是由磁子转动的角速度、磁子的大小和磁子的形状共同影响和决定的，改变其中任何一个因素都会对振荡行为产生影响。

搅拌速率的改变对 BSF 体系振荡的影响示于图 3-7，振幅和周期数据见表 3-5。从图中可以看出，在适当的搅拌速率范围内，搅拌速率升高，振荡周期和振幅均增大，且存在图 3-8 所示的线性关系：$\tau=0.0047\omega+14.778$，$\Delta pH=0.001\omega+2.965$。搅拌速率过低，以致在溶液扩散到玻璃电极前振荡行为消失。搅拌速率对振荡周期和振幅的影响规律可由搅拌速率对 BSH 和 BFH 反应影响的差异性得到解释。BSH 为快反应，搅拌速率对其反应速率影响较小，而 BFH 为慢反应，搅拌速率对其反应速率的影响较大。在高搅拌速率时，慢反应 BFH 速率的增加相对于快反应 BSH 更为显著，因而振荡周期增大。BSF 体系产生 pH 振荡存在最大搅拌速率限制[6]，而且搅拌速率过高液体会飞溅。

第3章 物理因素对pH振荡的影响

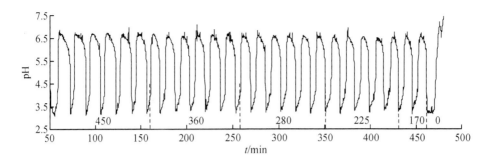

图 3-7 搅拌速率对 BSF 体系振荡行为的影响

温度 30℃，磁子的长×径为 3.2cm×0.75cm，流速为 1210μL/(min·通道)；图中数字代表所在区域的搅拌速率，单位 r/min

表 3-5 搅拌速率对 BSF 体系振幅和周期的影响

搅拌速率/(r/min)	ΔpH	周期/min
450	3.45	16.80
360	3.29	16.35
280	3.25	16.25
225	3.23	16.05
170	3.25	16.00

在其他实验条件相同，仅改变磁子的尺寸大小时，引起振荡有最低转速限制，而且磁子越小，产生规律振荡所需的转速越大(如长×径为 2.45cm×0.7cm 的磁子需要在 169r/min 以上引起体系振荡，而对长×径分别为 1.7cm×0.7cm 和 1.5cm×0.5cm 的磁子则分别需在 281r/min 和 310r/min 以上方可)。研究发现，用棒状的磁子或纺锤形的磁子搅拌都能够引起 BSF 体系产生规律的振荡，在其他条件相同、同样的角速度下，使用棒状的磁子时振荡的波形更光滑、规整。

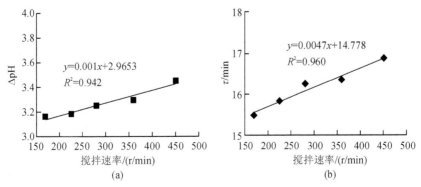

图 3-8 搅拌速率与 pH 振荡振幅(a)和周期(b)的关系

比较图 3-4、图 3-6 和图 3-8 中周期和振幅曲线的斜率可知，上述影响 BSF 体系 pH 振荡的 3 个因素中，在可振荡的范围内，温度和流速的改变对振荡周期和振幅的影响很大，而搅拌速率的影响很小。适当降低温度、增大流速、提高搅拌速率有利于产生长周期、大振幅的 pH 振荡。

3.2.4 进样方式对 pH 振荡行为的影响

在 30℃、流速 1210μL/(min·通道)、搅拌速率 225r/min 时，不同时间开始进样对 BSF 振荡影响的结果见表 3-6。由此可见，进样方式对周期和振幅都有影响，但影响都相对较小，尤其对振幅的影响基本可以忽略。为节省试样和时间，选择从一开始进样的方式最为有利。

表 3-6　进样时间对 BSF 振荡的影响（$T=30℃$）

进样时间	周期/min	ΔpH
开始时	17.15	3.18
pH 最低时	16.75	3.16
pH 最高时	17.38	3.15

3.2.5 其他因素对 pH 振荡行为的影响

反应器体积大小对能否产生振荡有很大的影响。反应器体积、总流速和搅拌速率三者共同影响溶液在反应器中的保留时间，据 Sato 等报道[4]，当保留时间在一定时间范围内时，BSF 体系才能够产生持续的振荡。此外，反应器的结构不同，同样温度、搅拌速率下，产生振荡的流速也不同(图 3-9)。例如，同样条件下，四通道的反应器产生振荡所需流速较小，而二通道的反应器则 LCFR 较大[比较图 3-5(a)和图 3-9]；除此之外，二通道反应器的两个通道的夹角大小对 LCFR 及振荡行为都有一定影响[图 3-9(a)和图 3-9(b)]。由反应器结构不同所造成的 pH 振荡差异可能与反应物的传质速率有关，即在同一时刻，到达 pH 检测处各物质的实际浓度与理论值有差异。

由于反应液从反应器底部泵入，电磁搅拌也在反应器底部，因而在反应器的不同位置上反应液混合的均匀程度不同，故而将 pH 电极放置在不同位置检测出的 pH 振荡不同。实验发现，电极在溶液中的位置自下而上变化，振幅基本不变，而周期则明显增大。因此，为保证实验结果的可比性，必须固定测试电极在振荡液中的位置。

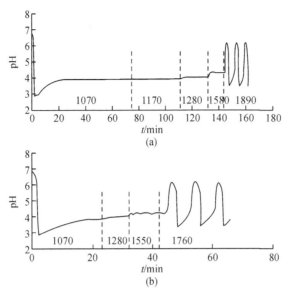

图3-9 反应器结构对pH振荡的影响

图中数字代表所在区域的流速，单位 μL/(min·通道)，30℃，$[H_2SO_4]_0=10.00$ mmol/L，360r/min。(a)二通道夹角90°，振荡区 $\Delta pH=2.63$，$\tau=6.88$min；(b)二通道夹角180°，振荡区 $\Delta pH=2.72$，$\tau=7.63$min

系统地研究了温度、流速、搅拌速率、进样方式等物理因素对 $KBrO_3$-Na_2SO_3-$K_4Fe(CN)_6$(BSF)体系 pH 振荡周期及振幅的影响规律，结果表明：在可振荡的范围内，温度、流速是对振荡影响最大的两个因素，而搅拌速率的影响很小。适当降低温度有利于产生长周期、大振幅的 pH 振荡，这与温度对正、负反馈反应速率的影响存在明显差异性有关；增大流速有利于长周期、大振幅的 pH 振荡，这与反应物种的浓度有关；提高搅拌速率有利于长周期、大振幅的 pH 振荡，这与搅拌能够提高测定区域的传质有关。通过本研究获得了 BSF 体系的正反馈、负反馈以及振荡周期的表观活化能，对解析和控制正负反馈反应具有重要的理论意义；各物理因素对 pH 振荡的影响规律对于调控 pH 振荡行为以及研究其他振荡体系的影响因素有一定的参考价值，同时为各种 pH 响应性智能材料选择适当的振荡条件提供了理论依据。

参 考 文 献

[1] Mcilwaine R E. Nonlinear dynamics of acid-and base- regulated chemical systems. England: University of

Leeds, Doctoral dissertation, 2007: 10-11.

[2] Tian E, Ma Y, Cui L, et al. Color-oscillating photonic crystal hydrogel. Macromol Rapid Commun, 2009, 30(20): 1719-1724.

[3] 李祖君, 邹桂华, 李守君, 等. 甘草参与的 B-Z 振荡反应研究. 分子科学学报, 2011, 27(1): 14-18.

[4] Sato N, Hasegawa H H, Kimura R, et al. Analysis of the bromate-sulfite-ferrocyanide pH oscillator using the particle filter: toward the automated modeling of complex chemical systems. J Phys Chem A, 2010, 114(37): 10090-10096.

[5] Bilici C, Karayel S, Demir T T, et al. Self-oscillating pH-responsive cryogels as possible candidates of soft materials for generating mechanical energy. J Appl Polym Sci, 2010, 118(5): 2981-2988.

[6] Luo Y, Epstein I R. Stirring and premixing effects in the oscillatory chlorite-iodide reaction. J Chem Phys, 1986, 85(10): 5733-5740.

第 4 章 化学因素对 pH 振荡的影响

pH 振荡的振幅和周期(或频率)等行为高度依赖于振荡条件。理论上讲,凡是能够影响体系 pH、反应速率或某物质浓度变化的物质,皆会干扰 pH 振荡行为,引起振幅、周期等参数的变化,据此,可关联外加物质浓度与某种振荡参数的变化规律,据此便可调节并控制 pH 振荡行为以满足应用需求。一般而言,pH 响应性智能材料是含弱酸或弱碱官能团的高分子材料,而离子强度对这类离子型高分子的构象变化及传质会产生影响。从原理上讲,有机弱酸及弱碱具有可逆性质子化作用(即缓冲 H^+ 的能力),因此这类物质的加入必然对 pH 振荡行为产生影响;同时,无机盐能够增加溶液的离子强度,其加入对离子体系的反应会产生影响。因此,研究上述化学因素对于 pH 振荡体系与智能材料耦合系统设计、解析相关振荡行为具有重要价值。

本章以 BSF 体系为 pH 振荡模型,在 CSTR 条件下,系统研究有机和无机的酸、碱、盐等化学物质的引入对 pH 振荡行为的影响规律,期望通过本研究为 pH 振荡器与智能响应材料的耦合体系的设计提供理论支持。

4.1 研究方法

pH 振荡反应的发生装置同本书 2.4 节图 2-13 所示。核心 pH 振荡的储备液浓度同 2.4.2 小节。具体的反应条件为:控制加热水浴的温度为 30℃,先向夹套反应器中加入 4 种储备液各 10mL(其中 $KBrO_3$ 最后加),并立即用蠕动泵将 4 种储备液分别从下端的四个支管持续地送进反应器中,多余的反应液用恒流泵从反应器上端支管导出($V=60mL$)。若未特别标明,则保持进样流速 $1210\mu L/(min·通道)$、搅拌速率 $250r/min$ 和反应温度 30℃,用 pH 计测试反应体系的 pH 变化,用计算机每 15s 记录一组 pH-t 数据,作出 pH 振荡曲线并从中获取振荡周期(τ)和振幅(ΔpH)信息。

$KBrO_3$、无水 Na_2SO_3、$K_4Fe(CN)_6·3H_2O$、浓 H_2SO_4、维生素 C、柠檬酸、

丙烯酸、乙酸、浓 HCl、H_3PO_4、草酸($H_2C_2O_4$)、苯甲酸钠、山梨酸钾、乙酸钠、三聚氰胺、氨水、NaOH、NaCl、KCl、$MgCl_2$、$CaCl_2$、NH_4Cl、$AlCl_3$ 等皆为分析纯，直接使用。测试外源物对 pH 振荡的影响时，用某种储备液配制一定浓度外源物的溶液，并以此混合液代替该种储备液进样，采用从头进样的方式，保持其他条件不变，测试体系 pH 随时间的变化。本文中所标示的浓度皆为进入体系后的浓度。配制外源物溶液的原则是其与储备液不发生反应，本书中具体的配伍方式如下：①VC+Na_2SO_3；②柠檬酸+Na_2SO_3；③丙烯酸+Na_2SO_3；④乙酸+H_2SO_4；⑤HCl+H_2SO_4；⑥H_3PO_4+H_2SO_4；⑦草酸+H_2SO_4；⑧苯甲酸钠+Na_2SO_3；⑨山梨酸钾+Na_2SO_3；⑩乙酸钠+Na_2SO_3；⑪三聚氰胺+Na_2SO_3；⑫氨水+Na_2SO_3；⑬NaOH+Na_2SO_3；⑭NaCl+H_2SO_4/Na_2SO_3；⑮KCl+H_2SO_4；⑯$MgCl_2$+H_2SO_4；⑰$CaCl_2$+$KBrO_3$（由于 $CaCl_2$ 与 H_2SO_4 混合会生成微溶于水的 $CaSO_4$，而 $CaCl_2$ 与 Na_2SO_3 混合会生成难溶于水的 $CaSO_3$）；⑱NH_4Cl+H_2SO_4；⑲$AlCl_3$+H_2SO_4。

4.2 酸类物质对 pH 振荡的影响

4.2.1 硫酸

BSF 体系 pH 振荡发生所必不可少的酸度条件由硫酸提供，硫酸的浓度对 pH 振荡发生与否及振荡行为有很大影响。在固定温度、流速以及搅拌速率的条件下，可通过改变储备液硫酸的浓度，研究 BSF 体系 pH 振荡的行为变化。由图 4-1 可知，当硫酸浓度为 6.25mmol/L 时，BSF 体系稳定在高 pH 状态，不发生 pH 振荡；而当硫酸浓度为 11.25mmol/L 时，BSF 体系稳定在低 pH 状态，也不发生振荡。若酸度过低，自催化产生 H^+ 的 BSH 反应难以启动，振荡无法进行；若酸度过高，BSH 自催化产生 H^+ 反应过强，以致消耗 H^+ 的 BFH 反应无法逆转 pH 变化方向，振荡也无法进行。由图 4-2 可知，在正常振荡条件下，BSH 反应速率随 H^+ 浓度的增大而加快，而 BFH 反应则随着 H^+ 浓度的增大而减小。该现象可以从酸度对 BSH 和 BFH 反应影响的差异性得到解释。在一定的酸度范围内（C=7.50~10.00mmol/L），BSF 体系 pH 出现稳定的大幅振荡，且周期和振幅随酸度的增大而减小，存在图 4-2 所示的线性关系：τ=-2.332C+40.462，ΔpH=-0.104C+4.183。图 4-1 和图 4-2 中对应的振幅和周期数据见表 4-1。结合 3.3.2 小节图 3-5 可知，低酸度无振荡行为时，适当降低流速有可能使 BSF 体系产生振荡；高酸度无振荡行为时，适当增加流速也可能产生振荡。

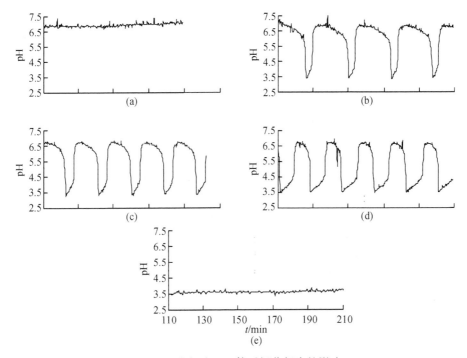

图 4-1 酸度对 BSF 体系振荡行为的影响

温度 30℃，流速 1210μL/(min·通道)，搅拌速率 225r/min，(a)~(e)代表 [H_2SO_4]$_0$ 分别为 6.25mmol/L，7.50mmol/L，8.75mmol/L，10.00mmol/L 和 11.25mmol/L

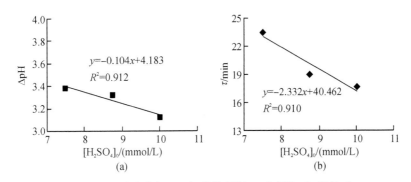

图 4-2 硫酸浓度与 pH 振荡的振幅(a)和周期(b)的关系

表 4-1　硫酸浓度对 BSF 体系振幅和周期的影响

硫酸浓度/(mmol/L)	ΔpH	周期/min
7.50	3.38	23.50
8.75	3.33	19.00
10.00	3.12	17.67

4.2.2　盐酸

盐酸（hydrochloric acid，HCl）为一元强酸（$pK_a = -6.3$），不同浓度的 HCl 对 BSF 体系 pH 振荡的影响如图 4-3、图 4-4 所示，图中对应的周期、振幅等数据见表 4-2。由以上图表可知，随着 HCl 浓度的增加，pH 振荡周期呈先减小后增大的趋势，而 ΔpH 略有减小。当 HCl 浓度增加到 4mmol/L 时，BSF 体

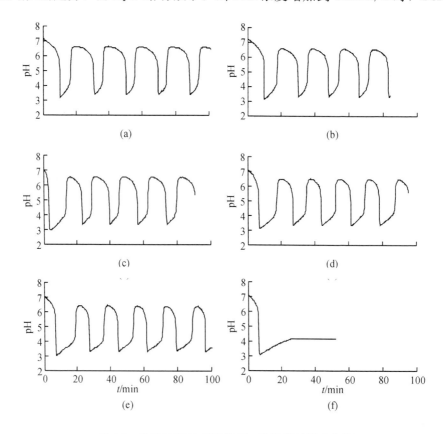

图 4-3　盐酸浓度对 BSF 体系 pH 振荡的影响曲线

盐酸浓度(a)0；(b)0.5；(c)1.0；(d)2.5；(e)3.0；(f)4.0。单位：mmol/L

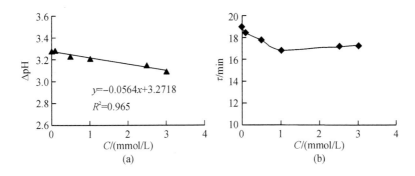

图 4-4　盐酸浓度与 pH 振荡的振幅(a)和周期(b)的关系曲线

表 4-2　不同浓度的 HCl 存在下 pH 振荡的周期和振幅

项目	C/(mmol/L)					
	0	0.1	0.5	1.0	2.5	3.0
τ/min	19.08	18.50	17.83	16.92	17.25	17.33
ΔpH	3.27	3.28	3.23	3.21	3.15	3.09
pH_{max}	6.64	6.54	6.52	6.52	6.47	6.37
pH_{min}	3.37	3.26	3.29	3.31	3.32	3.28

系振荡完全被抑制，此时体系 pH 4.11～4.15。由图 4-3 可知，随着 HCl 浓度的增加，体系酸度增大，正反馈反应加速，而负反馈反应受抑制，故而振荡周期出现先减小后增大的趋势。

4.2.3　磷酸

不同浓度的磷酸对 BSF 体系的 pH 振荡的影响如图 4-5 所示，振幅和周期随浓度的变化规律如图 4-6 所示，图中对应的周期、振幅等数据见表 4-3。由图 4-5 可知，磷酸的加入对 BSF 体系 pH 振荡有抑制作用。随着加入磷酸浓度的增加，pH 振幅和周期都减小，当磷酸浓度增大至 5mmol/L 时，pH 振荡被完全抑制，此时体系的 pH 约 3.95。结合图 4-6 和表 4-3 可知，振幅随浓度线性减小，但减小幅度不大，这是由 pH_{max} 下降而 pH_{min} 基本不变所致[图 4-6(a)]；而周期则呈先减小后增大的趋势[图 4-6(c)]，结合图 4-5 可推测出，这与加入的磷酸对振荡反应速率的影响有关。

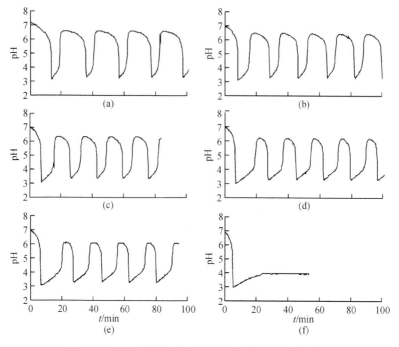

图 4-5 不同浓度的磷酸对 BSF 体系 pH 振荡的影响

流速为 1250μL/(min·通道)；磷酸浓度(a)0；(b)1.0；(c)2.0；(d)3.0；(e)4.0；(f)5.0。单位：mmol/L

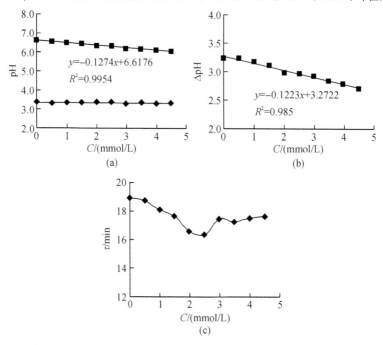

图 4-6 磷酸浓度与 pH 振荡的 pH_{max} 和 pH_{min}(a)、振幅(b)以及周期的关系曲线(c)

表 4-3　不同浓度的磷酸存在下 pH 振荡的振幅和周期

项目	$C/(\text{mmol/L})$									
	0	0.5	1.0	1.5	2.0	2.5	3.0	3.5	4.0	4.5
τ/min	18.92	18.75	18.08	17.67	16.58	16.33	17.42	17.25	17.50	17.67
ΔpH	3.24	3.24	3.16	3.11	2.99	2.96	2.93	2.84	2.79	2.71
$\text{pH}_{\max}$	6.63	6.54	6.49	6.44	6.35	6.31	6.21	6.18	6.11	6.05
$\text{pH}_{\min}$	3.39	3.30	3.33	3.33	3.36	3.35	3.28	3.34	3.32	3.34

磷酸对 pH 振荡振幅的抑制作用可由磷酸的缓冲作用来解释。磷酸为三元酸，其三级解离常数依次为：$pK_{a1}=2.12$，$pK_{a2}=7.20$，$pK_{a3}=12.36$，其各型体在不同 pH 时的分布曲线见图 4-7[1]。在振荡体系的 pH=3.2~6.8 范围内，磷酸存在 H_3PO_4、$H_2PO_4^-$、HPO_4^{2-} 这 3 种型体，通过如下 2 个平衡方程式关联起来：

$$H_3PO_4 \rightleftharpoons H^+ + H_2PO_4^- \tag{4-1}$$

$$H_2PO_4^- \rightleftharpoons H^+ + HPO_4^{2-} \tag{4-2}$$

式中，$H_2PO_4^-$ 为浓度最大的型体，其最大浓度出现在 $\text{pH}=(pK_{a1}+pK_{a2})/2=4.66$ 处，它可与 H_3PO_4 或 HPO_4^{2-} 形成缓冲对，缓冲体系中过多的 H^+ 或 OH^-，即：当 pH 小于 4.66 时，H_3PO_4 与 $H_2PO_4^-$ 形成缓冲对；当 pH 大于 4.66 时，$H_2PO_4^-$ 与 HPO_4^{2-} 形成缓冲对。在正反馈过程中，反应产生的 H^+ 被两个平衡的质子化过程(从 $H_2PO_4^-$ 到 H_3PO_4，和从 HPO_4^{2-} 到 $H_2PO_4^-$)所消耗，振荡的 $\text{pH}_{\min}$ 理应被抬高，但由于 BSH 反应很快，故缓冲作用对 $\text{pH}_{\min}$ 的影响不大，即 $\text{pH}_{\min}$ 没有明显变化；然而，在负反馈过程中，反应所消耗的 H^+ 有一部分由 2 个平衡的去质子化过程(从 H_3PO_4 到 $H_2PO_4^-$，和从 $H_2PO_4^-$ 到 HPO_4^{2-})所供给，振荡的 $\text{pH}_{\max}$ 理应被降低，而且由于 BFH 反应缓慢，而酸的解离较快，故 $\text{pH}_{\max}$ 降低显著，所以振幅 ΔpH 呈减小趋势。

磷酸为中强酸，引入会增大体系的 H^+ 浓度，这会加快正反馈 BSH 反应速率，同时减慢负反馈 BFH 反应速率，这两个反应速率之间的快慢差异随着磷酸浓度的增大而更加显著；此外，由于磷酸的加入在 pH 振荡条件下会增大体系的离子强度，即对体系具有原盐效应，故而也会加快正、负反馈反应速率，且由于 BSH 和 BFH 反应组成离子尺寸的大小差异，BSH 反应速率的加快更多[2]。BSH 和 BFH 反应速率的差异性导致 pH 振荡周期随着磷酸浓度的增大呈现先减小后增大的趋势。

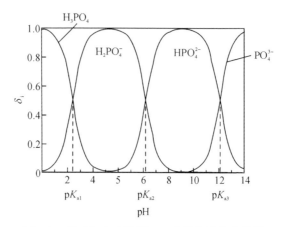

图 4-7　H_3PO_4 各型体随 pH 变化的分布曲线[1]

4.2.4　维生素 C

维生素 C(VC)，又称 L-抗坏血酸(ascorbic acid)，广泛存在于各类新鲜蔬果，为酸性多羟基化合物（图 4-8），是一种水溶性维生素（333g/L，20℃），水溶液呈酸性（C3 位—OH 受共轭效应的影响，酸性较强，$pK_{a1}=4.17$；C2 位—OH 由于形成分子内氢键，酸性极弱，$pK_{a2}=11.75$，故 VC 表现为一元酸）。在生物体内，VC 是一种抗氧化剂，保护身体免受自由基的威胁，VC 同时也是一种辅酶。由于分子结构中有两个烯醇基，VC 具有还原性，在体内可以是氧化型，也可以是还原型，所以既可作为供氢体，又可作为受氢体，在体内氧化还原过程中发挥重要作用[3,4]。

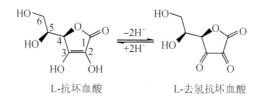

图 4-8　VC 在生物体内的两种活性型体

不同浓度的 VC 对 BSF 体系 pH 振荡的影响如图 4-9 所示，图中对应的周期和振幅等数据见表 4-4。由图可见，当 VC 浓度小于 6mmol/L 时[图 4-9(a)～图 4-9(f)]，随着浓度的增大，pH 振幅基本不变，振荡周期增加；当 VC 浓度为 6mmol/L 时，振荡被完全抑制，体系最终的 pH 3.8～3.9，略小于 VC 的 pK_{a1} 值(4.17)；VC 浓度为 10mmol/L 时，体系最终的 pH 约 3.7。

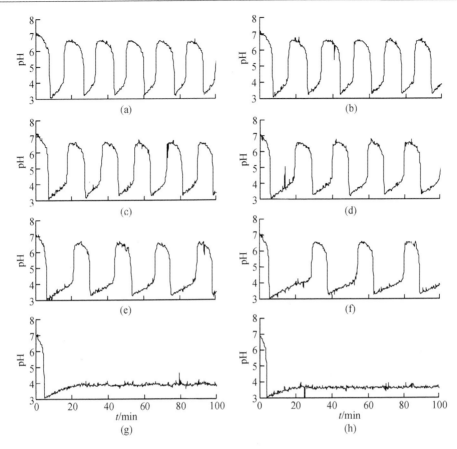

图 4-9 不同浓度的 VC 对 BSF 体系 pH 振荡的影响

VC 浓度(a)0；(b)1.0；(c)2.0；(d)3.0；(e)4.0；(f)5.0；(g)6.0；(h)10。单位：mmol/L

表 4-4 不同浓度的 VC 存在下 pH 振荡的周期和振幅

项目	C/(mmol/L)					
	0	1.0	2.0	3.0	4.0	5.0
τ/min	16.75	17.00	17.83	20.17	22.58	25.50
ΔpH	3.29	3.30	3.25	3.24	3.25	3.19
pH$_{max}$	6.62	6.61	6.58	6.57	6.57	6.55
pH$_{min}$	3.33	3.31	3.33	3.33	3.32	3.36

由图 4-9(a)~图 4-9(g)可知，随着 VC 浓度的增大，pH 下降过程加快，而 pH 上升过程则减慢，即，正反馈 BSH 反应加快，负反馈 BFH 反应减慢。然而，BSH 反应的加快受 VC 浓度的影响很小，而 BFH 反应的减慢受 VC 浓度的影响则非常显著，故而振荡周期随 VC 浓度的增大而增大，直至不振荡。

VC 的加入对 BSF 体系 pH 振荡的影响与硫酸对 BSF 体系 pH 振荡的影响有

类似之处,但又有所不同。该结果可以从 VC 的酸性和还原性得到解释。BSF 体系未反应时基本呈中性(pH 约 7.2),弱酸性 VC 的加入会增加体系的 H^+ 浓度,催化 BSH 反应,导致体系 pH 降低过程加快;在 pH 上升过程中,当 pH 小于 VC 的 pK_{a1}(4.17)时,VC 作为供氢体释放出 H^+,大大抑制 BFH 反应消耗 H^+ 的速度,故 pH 上升减缓;而 pH 大于 4.17 时,VC 再释出 H^+ 则很困难(由于 $pK_{a2}=11.75$),故 pH 上升速度未受影响。随着 VC 浓度的增大,其对 BFH 反应的抑制作用越来越明显,故而振荡周期越来越长;当 BSF 体系中加入的 VC 达到一定浓度时,VC 释放 H^+ 与 BFH 消耗 H^+ 恰好平衡,负反馈反应几乎被完全抑制,振荡终止[图 4-9(g)]。在 BSF 体系中,VC 作为供氢体释放 H^+ 的途径可能如下:(a)酸的电离作用[5];(b)VC 与 BrO_3^- 或中间产物 Br_2 发生氧-还反应,VC 变成去氢抗坏血酸,释放 $H^{+[3,4,6]}$。此外,VC 在与 BrO_3^- 或中间产物 Br_2 发生氧-还反应生成 H^+ 的同时并还生成 $Br^{-[3,4,6]}$,而 Br^- 对振荡有抑制作用。

BSF 体系 pH 振荡的振幅(ΔpH)和周期(τ)与 VC 浓度(C)的关系曲线如图 4-10 所示。在 $0\sim5.0$mmol/L 范围内,VC 浓度与周期满足多项式:$\tau=0.3513C^2+0.0389C+16.655$,$R^2=0.997$。据此,可通过外加不同浓度 VC 的方式适当增大 BSF 体系 pH 振荡的周期。

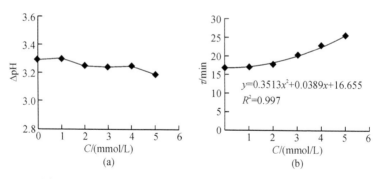

图 4-10　VC 浓度与 pH 振荡的振幅(a)和周期(b)的关系

4.2.5　柠檬酸

柠檬酸(citric acid,H_3Cit),又名枸橼酸,是一种重要的有机酸,无色晶体,常含一分子结晶水,无臭,有很强的酸味,易溶于水,其结构式见图 4-11,解离常数为 $pK_{a1}=3.13$,$pK_{a2}=4.76$,$pK_{a3}=6.40$,其电离后主要存在形式和 pH 有关[1]。柠檬酸广泛用于食品业、化工业、纺织业、化妆业、医疗、环保、禽畜生

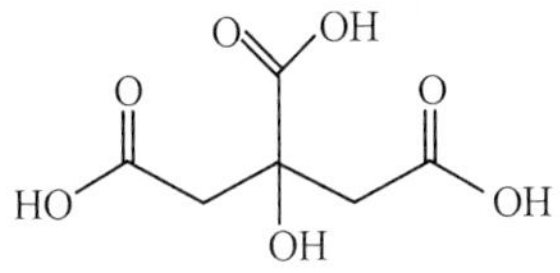

图 4-11 柠檬酸的结构式

不同浓度的柠檬酸对 BSF 体系 pH 振荡的影响如图 4-12 所示,图中对应的周期和振幅等数据见表 4-5。由图可知,当柠檬酸浓度小于 1mmol/L 时[图 4-12(a)~图 4-12(f)],随着浓度的增大,ΔpH 减小,周期变化不明显。当柠檬酸浓度为 1mmol/L 时,振荡被完全抑制,体系最终的 pH 为 4.2~4.4,略小于柠檬酸的 pK_{a2} 值。由于柠檬酸为三元酸,且其酸性比二元酸 VC 强,故其完全抑制 pH 振荡的浓度(1mmol/L)远小于 VC(6mmol/L)。

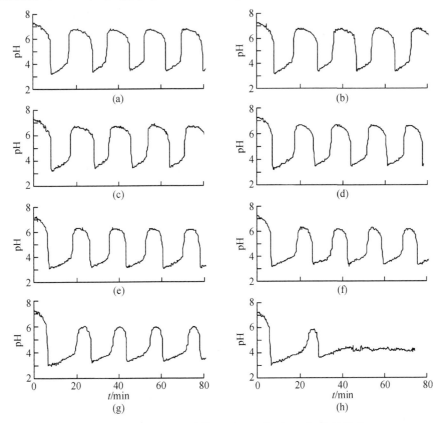

图 4-12 不同浓度的柠檬酸对 BSF 体系 pH 振荡的影响

柠檬酸浓度(a)0;(b)0.05;(c)0.1;(d)0.2;(e)0.4;(f)0.6;(g)0.8;(h)1.0。单位:mmol/L

表 4-5　不同浓度的柠檬酸存在下 pH 振荡的周期和振幅

项目	C/(mmol/L)						
	0	0.05	0.1	0.2	0.4	0.6	0.8
τ/min	17.17	18.00	17.83	17.00	17.17	16.50	17.17
ΔpH	3.32	3.31	3.23	3.08	3.00	2.86	2.65
pH$_{max}$	6.70	6.65	6.61	6.52	6.17	6.17	5.93
pH$_{min}$	3.38	3.34	3.38	3.44	3.17	3.31	3.28

柠檬酸浓度与 pH 振荡的 ΔpH 和周期的关系见图 4-13。对比图 4-12 可知，随着浓度的增大，pH 下降过程加快，而 pH 上升过程减慢，故周期仅在 17min 左右波动；而 ΔpH 随浓度线性地减小，但减小幅度不大，这是由于 pH$_{max}$ 降低的同时 pH$_{min}$ 基本不变。

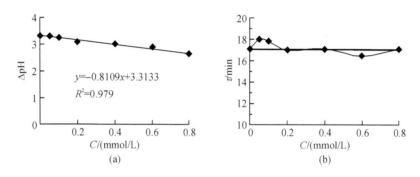

图 4-13　柠檬酸浓度与 pH 振荡的振幅(a)和周期（b）的线性关系

pH 振荡振幅的减小可由柠檬酸溶液的缓冲作用解释。柠檬酸为三元酸，其在振荡体系的 pH 范围内存在 H_3Cit、H_2Cit^-、$HCit^{2-}$ 和 Cit^{3-} 这 4 种型体（图 4-14），并通过下面 3 个平衡方程关联起来：

$$H_3Cit \rightleftharpoons H^+ + H_2Cit^- \tag{4-3}$$

$$H_2Cit^- \rightleftharpoons H^+ + HCit^{2-} \tag{4-4}$$

$$HCit^{2-} \rightleftharpoons H^+ + Cit^{3-} \tag{4-5}$$

在 BSF 体系振荡的 pH 3.30～6.65 范围内，柠檬酸的这 4 种型体两两之间形成缓冲对。在 pH 从 6.65 下降至 3.30 的过程中，当 pH 大于柠檬酸的 pK_{a3}（6.40）时，柠檬酸是作为质子供体由 $HCit^{2-}$ 电离为 Cit^{3-} 所释放的 H^+ 催化了 BSH 反应，使 pH 下降速度更快，故正反馈反应时间减小；当 pH 小于 6.40 时，BSH 反应产生的 H^+ 被上述 3 个平衡的质子化过程（从 Cit^{3-} 到 $HCit^{2-}$，从 $HCit^{2-}$ 到 H_2Cit^-，和从 H_2Cit^- 到 H_3Cit）所消耗，振荡的 pH$_{min}$ 本应增大，但因

BSH 反应很快，故质子化过程的影响不大，即 pH$_{min}$ 的增大不明显。相反地，在 pH 从 3.30 上升至 6.65 的过程中，BFH 反应消耗的 H$^+$ 有一部分由上述 3 个平衡的去质子化（即从 H$_3$Cit 到 H$_2$Cit$^-$，从 H$_2$Cit$^-$ 到 HCit^{2-}，和 HCit^{2-} 到 Cit^{3-}）所供给，因而振荡的 pH$_{max}$ 应减小，因 BFH 反应缓慢，而酸电离较快，故 pH$_{max}$ 减小比较明显，同时负反馈反应速度也因柠檬酸供给 H$^+$ 而减慢。pH$_{min}$ 的基本不变和 pH$_{max}$ 的减小共同导致 ΔpH 减小，同时正反馈反应的加快和负反馈反应的减慢导致振荡周期基本不变。随着柠檬酸浓度的增加，其缓冲作用也越强，pH$_{min}$ 和 pH$_{max}$ 则逐渐接近，导致 ΔpH 越来越小；当柠檬酸浓度达到一定值时，H$_3$Cit 和 Cit^{3-} 几乎消失，体系中的主要型体为 H$_2$Cit$^-$ 和 HCit^{2-}，体系的缓冲作用最强，振荡被完全抑制，此时体系 pH 4.2～4.4，接近 pK_{a2}(4.76)的数值。

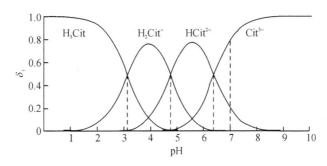

图 4-14　H$_3$Cit 各种存在型体在不同 pH 时的分布曲线

4.2.6　丙烯酸

丙烯酸(CH$_2$═CHCOOH，acrylic acid)，与水混溶，可混溶于乙醇、乙醚，pK_a=4.35。不同浓度的丙烯酸对 BSF 体系 pH 振荡的影响如图 4-15 所示，图中对应的周期、振幅等数据见表 4-6。由图可见，当丙烯酸浓度小于 6.0mmol/L 时[图 4-15(a)～图 4-15(g)]，随着浓度的增大，ΔpH 和周期均减小。当丙烯酸浓度为 6.0mmol/L 时，振荡被完全抑制，体系最终的 pH 4.3～4.5，在丙烯酸的 pK_a 附近。由于丙烯酸为一元酸，且其酸性比三元酸柠檬酸弱，故其完全抑制 pH 振荡的浓度(6.0mmol/L)远远大于柠檬酸(1.0mmol/L)，亦即其缓冲能力比柠檬酸弱；与 VC 相比，丙烯酸完全 pH 振荡的浓度虽然与 VC 相同，但对周期和振幅的影响规律则截然不同。

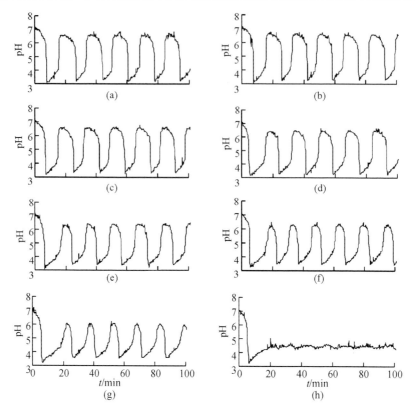

图 4-15 不同浓度的丙烯酸对 BSF 体系 pH 振荡的影响

丙烯酸浓度(a)0；(b)0.5；(c)1.0；(d)2.0；(e)3.0；(f)4.0；(g)5.0；(h)6.0。单位：mmol/L

表 4-6 不同浓度的丙烯酸存在下 pH 振荡的周期和振幅

项目	$C/(mmol/L)$						
	0	0.5	1.0	2.0	3.0	4.0	5.0
τ/min	17.00	16.58	16.50	16.42	16.33	15.25	14.58
ΔpH	3.31	3.28	3.23	3.07	2.88	2.67	2.39
pH_{max}	6.61	6.63	6.56	6.49	6.34	6.22	6.01
pH_{min}	3.30	3.35	3.33	3.42	3.46	3.55	3.62

丙烯酸浓度与 pH 振荡的 ΔpH 和周期的关系见图 4-16。对比图 4-15 可知，随着浓度的增大，pH 降低速度加快，同时 pH 上升速度略减慢，因此周期虽然减小，但减小幅度不大；而 ΔpH 随浓度线性地减小，这是由于 pH_{max} 降低的同时 pH_{min} 增大。pH 振荡振幅的减小可由丙烯酸溶液的缓冲作用得到解释。丙烯酸在 BSF 体系的 pH 范围内，存在 $CH_2=CHCOOH$ 与 $CH_2=CHCOO^-$ 组成的酸碱缓冲对，抑制 pH 振荡的范围。

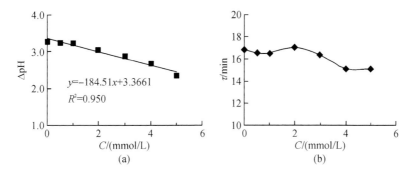

图 4-16　丙烯酸浓度与 pH 振荡的振幅(a)和周期(b)的线性关系

4.2.7　乙酸

乙酸(CH_3COOH，HAc)为有机一元酸，有腐蚀性，是食醋内酸味及刺激性气味的来源。纯的无水乙酸(冰醋酸)是无色的吸湿性固体，凝固点为 16.6℃。乙酸在水溶液中是一元弱酸，$pK_a = 4.74(25℃)$[1]，浓度为 1mol/L 的醋酸溶液(类似于家用醋的浓度)的 pH 为 2.4，即仅有 0.4% 的醋酸分子是解离的。乙酸广泛用于合成纤维、涂料、医药、农药、食品添加剂、染织等工业。

不同浓度的 HAc 对 BSF 体系 pH 振荡的影响如图 4-17 所示，图中对应的周期、振幅数据见表 4-7。由图表可知，随着 HAc 浓度的增加，pH 振荡的周期和 ΔpH 都减小。当 HAc 浓度增加到 5mmol/L 时，BSF 体系振荡完全被抑制。由图 4-17 可见，随着乙酸浓度的增加，正反馈逐渐加快，而负反馈逐渐减缓，但正反馈加快的更显著，故而振荡周期减小。在可振荡的范围内，HAc 浓度与 pH 振荡的 ΔpH 和周期的关系见图 4-18。由图可见，pH 振荡的 ΔpH 和周期皆随 HAc 浓度的增大而线性减小，且周期的减小更显著。由于 HAc 为有机弱酸，其在该振荡的 pH 3.25～6.65 范围内可形成 pH 缓冲对 HAc-Ac^-，缓冲作用抑制 pH 振荡。也就是说，在 pH 下降过程中，Ac^- 结合 H^+，抑制体系 pH 下降，故而 pH_{min} 被抬高；相反地，在 pH 上升过程中，HAc 释放 H^+，抑制体系 pH 升高，故而 pH_{max} 被降低。因此，随着 HAc 浓度的增加，pH_{max} 逐渐减小，pH_{min} 逐渐增大，导致 ΔpH 减小；当 HAc 达到一定浓度，其缓冲作用足以完全抑制 pH 振荡，使 pH_{max} 和 pH_{min} 几乎相等，此时体系的 pH 约为 4.6，略小于 HAc 的 pK_a 值。

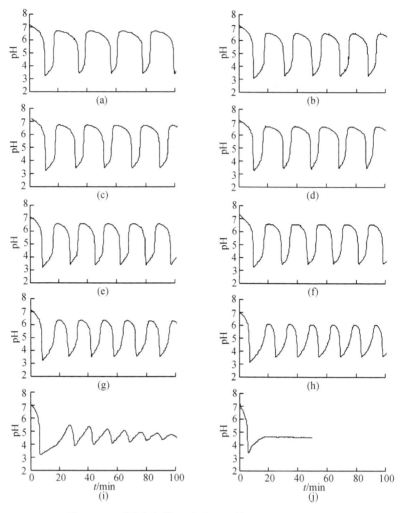

图 4-17 不同浓度的乙酸对 BSF 体系 pH 振荡的影响

流速为 1220μL/(min·通道); 乙酸浓度(a)0; (b)0.1; (c)0.2; (d)0.5; (e)1.0; (f)1.25; (g)2.5; (h)3.0; (i)4.0; (j)5.0。单位: mmol/L

表 4-7 不同浓度的乙酸存在下 pH 振荡的周期和振幅

项目	C/(mmol/L)							
	0	0.1	0.2	0.5	1.0	1.25	2.5	3.0
τ/min	21.83	18.85	19.28	18.75	17.5	17.42	15.75	14.75
ΔpH	3.24	3.27	3.26	3.22	3.15	3.11	2.80	2.49
pH_{max}	6.63	6.54	6.58	6.63	6.57	6.55	6.32	6.05
pH_{min}	3.39	3.27	3.32	3.41	3.42	3.44	3.52	3.56

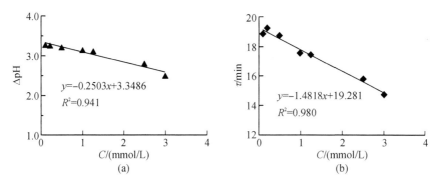

图 4-18 乙酸浓度与 pH 振荡的振幅(a)和周期(b)的关系曲线

4.2.8 草酸

向 BSF 体系中加入草酸，不同浓度的草酸对 BSF 体系的 pH 振荡的影响如图 4-19 所示，振幅和周期随浓度的变化规律如图 4-20 所示，图中对应的周期、振幅等数据见表 4-8。

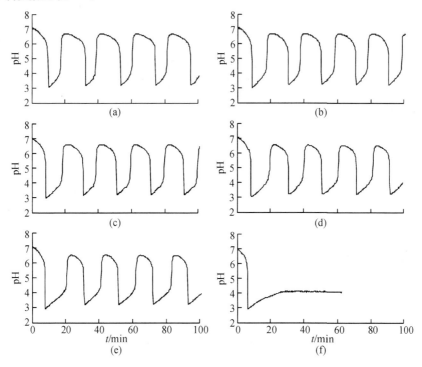

图 4-19 不同浓度的草酸对 BSF 体系 pH 振荡的影响

流速为 1250μL/(min·通道)；草酸浓度(a)0；(b)0.25；(c)0.5；(d)0.75；(e)1.0；(f)1.5。

单位：mmol/L

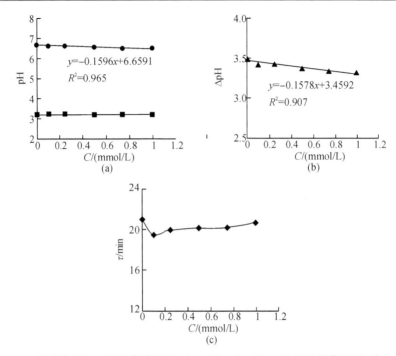

图 4-20　草酸浓度与 pH 振荡的振幅(a)、pH_{max} 和 pH_{min}(b)以及周期(c)的关系曲线

表 4-8　不同浓度的草酸存在下 pH 振荡的周期和振幅

项目	$C/(mmol/L)$					
	0	0.1	0.25	0.5	0.75	1.0
τ/min	21.00	19.50	20.00	20.17	20.25	20.67
ΔpH	3.49	3.42	3.42	3.37	3.34	3.31
pH_{max}	6.67	6.63	6.63	6.57	6.53	6.51
pH_{min}	3.18	3.21	3.21	3.20	3.19	3.20

由图 4-19 可知，草酸的加入对 BSF 体系 pH 振荡有抑制作用。随着加入草酸浓度的增加，pH 振幅和周期都基本没有变化，当草酸浓度增大至 1.5mmol/L 时，pH 振荡被完全抑制，此时体系的 pH 约为 4.15，这接近草酸的 pK_{a2}(4.28)值。结合图 4-20 和表 4-8 可知，振幅随浓度线性减小，但减小幅度很小，这是由 pH_{max} 下降而 pH_{min} 基本不变所致[图 4-20(b)]；而周期随浓度先减小后增大，但其增大的幅度很小，这与草酸的加入对体系 pH 的影响有关。

草酸对 pH 振荡振幅的影响可由草酸的缓冲作用来解释。草酸为二元酸，其解离常数分别为 $pK_{a1}=1.38$，$pK_{a2}=4.28$，其在振荡体系的 pH 3.2～6.8 范围内存在 $HC_2O_4^-$、$C_2O_4^{2-}$ 这 2 种型体(图 4-21)[7]，它们的平衡方程式为：

$$HC_2O_4^- \rightleftharpoons C_2O_4^{2-} + H^+ \tag{4-6}$$

这两种型体形成缓冲对，在 pH＝pK_{a2}(4.28)时，草酸溶液的缓冲作用最大；当 pH 小于 4.28 时，$HC_2O_4^-$ 为主要存在型体；当 pH 大于 4.28 时，$C_2O_4^{2-}$ 为主要存在型体。即，在 pH 振荡的正反馈过程中，反应产生的 H^+ 被式(4-6)所示平衡的质子化过程(从 $C_2O_4^{2-}$ 到 $HC_2O_4^-$)所消耗，振荡的 pH_{min} 理应被抬高，但由于 BSH 反应很快，故缓冲作用对 pH_{min} 的影响不大，即 pH_{min} 没有明显变化；然而，在负反馈过程中，反应所消耗的 H^+ 有一部分由式(4-6)所示平衡的去质子化过程(从 $HC_2O_4^-$ 到 $C_2O_4^{2-}$)所供给，因而振荡的 pH_{max} 应被降低，且由于 BFH 反应缓慢而酸电离较快，故 pH_{max} 略有降低，故而振幅 ΔpH 呈减小趋势。

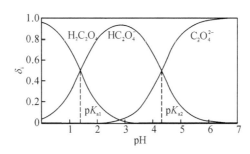

图 4-21 $H_2C_2O_4$ 各型体随 pH 变化的分布曲线[7]

草酸为中强酸，其引入会增大体系的 H^+ 浓度，这会加快正反馈 BSH 反应速率，同时减慢负反馈 BFH 反应速率，故 BSH 和 BFH 反应速率之间的差异性随着草酸浓度的改变可能呈现先减小后增大的趋势，也可能呈现先增大后减小的趋势，还可能不发生改变。而在本实验条件下，随着草酸浓度的增加 BSH 和 BFH 反应速率之间的差异性而先减小后增大的趋势。

综上所述，各种酸都会抑制 pH 振荡，除硫酸外，其他各酸完全抑制 pH 振荡的浓度分别为：盐酸 4.0mmol/L，磷酸 5.0mmol/L，草酸 1.5mmol/L，VC 6.0mmol/L，柠檬酸 1.0mmol/L，丙烯酸 6.0mmol/L，乙酸 5.0mmol/L。除 VC 的加入会增大 pH 振荡周期，其余的各酸的加入都导致周期或多或少的减小。无机强酸盐酸通过增加体系酸度而抑制 pH 振荡，而有机酸和多元无机酸主要通过缓冲作用抑制 pH 振荡，同时伴有增加体系 pH 的作用。相较而言，柠檬酸对 pH 振荡的抑制作用最强，草酸对 pH 振荡的振幅和周期的影响最小。总之，无论哪种酸的引入，酸的浓度都与 pH 振荡的振幅或/和周期存在一定的线性关系，因此，通过外加酸的方法可以调控 BSF 体系 pH 振荡的周期和振幅，多元有机酸对 pH 振荡行为的调控性略好。

4.3 有机弱酸盐对 pH 振荡的影响

4.3.1 苯甲酸钠

苯甲酸钠(C_6H_5COONa),又名安息香酸钠,易溶于水,$pK_a=4.21$,水溶液的 pH 在 8 左右,是很常用的食品防腐剂,有防止变质发酸、延长保质期的效果,防腐最佳 pH 是 2.5~4.0。然而用量过多会危害人体肝脏,甚至致癌,因此必须限制使用。

加入不同浓度的苯甲酸钠对 BSF 体系 pH 振荡的影响如图 4-22 所示,图中对应的振幅、周期等数据见表 4-9。当苯甲酸钠浓度为 0.5mmol/L 时,ΔpH 由原来的 3.40 变为 3.22,周期仍为 17.5min;当其浓度为 10mmol/L 时,ΔpH=2.09,τ=15.8min;当浓度为 25mmol/L 时,ΔpH=0.65,τ=14min;当浓度为 30mmol/L 时,振荡被完全抑制,此时体系 pH 约为 5.2,在苯甲酸钠的最大缓冲范围 $pK_a\pm1$。由图 4-22 可知,随着苯甲酸钠加入浓度的增加,pH 振荡周期和振幅均减小。BSF 体系 pH 振荡的振幅和周期与苯甲酸钠浓度存在如图 4-23

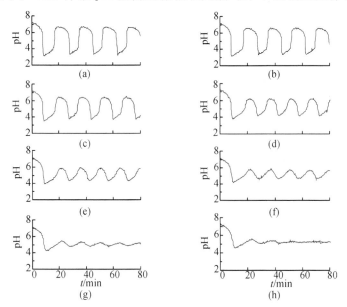

图 4-22 不同浓度的苯甲酸钠对 BSF 体系 pH 振荡的影响

苯甲酸钠浓度 (a) 0;(b) 0.5;(c) 5.0;(d) 10;(e) 15;(f) 20;(g) 25;(h) 30。

单位:mmol/L

表 4-9 不同浓度的苯甲酸钠存在下 pH 振荡的周期和振幅

项目	C/(mmol/L)						
	0	0.5	5.0	10	15	20	25
τ/min	17.50	17.50	16.75	15.80	15.27	14.70	14.00
ΔpH	3.42	3.25	2.66	2.09	1.55	1.22	0.65
pH$_{max}$	6.75	6.60	6.41	6.24	6.00	5.74	5.50
pH$_{min}$	3.33	3.35	3.75	4.15	4.45	4.52	4.85

所示的线性关系：在 0.5～25mmol/L 范围内，ΔpH$=-0.1076C+3.2798$，$R^2=0.990$；$\tau=-0.1413C+17.456$，$R^2=0.992$。

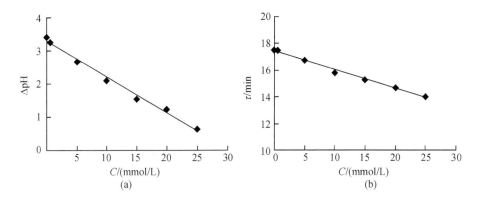

图 4-23 苯甲酸钠浓度与 pH 振荡的振幅(a)和周期(b)的线性关系

据报道[8,9]，pH 振荡体系对酸度的依赖性很强：酸度过低，振荡无法启动；酸度过高，振荡受抑制；在可振荡的范围内，随着酸度的降低，振荡周期和振幅都增大。苯甲酸钠的结构中有 1 个活泼的-COONa 基团，其水溶液呈碱性。理论上讲，碱的引入会降低 BSF 体系的酸度，导致 pH 振荡周期和振幅都增大，然而这与实验结果恰好相反。由此可见，苯甲酸钠对混合体系酸度的影响并非是抑制 pH 振荡的原因。据 Misra 等[10]报道，苯甲酸、水杨酸和醋酸对 BrO_3^--SO_3^{2-}-大理石-H^+ 体系 pH 振荡的抑制为缓冲作用，随着加入酸浓度的增加，pH 振荡的振幅和周期皆不同程度地受抑制，直至完全抑制。由此可知，在 BSF-苯甲酸钠的体系中，随着 pH 的变化，苯甲酸钠的结构随着 pH 变化发生如下转变：

$$C_6H_5COO^- \underset{-H^+}{\overset{+H^+}{\rightleftharpoons}} C_6H_5COOH \quad (4-7)$$
$$\text{碱} \qquad\qquad\qquad \text{酸}$$

即，体系中存在"苯甲酸-苯甲酸钠"的缓冲对。由于缓冲作用，pH 振荡的周期和振幅减小,具体过程为:在 pH 下降过程中,正反馈生成的 H^+ 部分地被 $C_6H_5COO^-$ 的质子化反应消耗,导致振荡的 pH_{min} 增大;反之,在 pH 上升过程中,C_6H_5COOH 作为 H^+ 水库,其解离反应为消耗 H^+ 的负反馈提供了 H^+,导致振荡的 pH_{max} 降低。缓冲作用使 pH_{min} 增大的同时使 pH_{max} 降低,故而 pH 振幅减小,同时振荡周期也减小。

4.3.2 山梨酸钾

山梨酸钾($CH_3CH=CHCH=CHCOOK$)$pK_a=4.76$,其 1% 水溶液 pH 为 7~8,是国际粮农组织和卫生组织推荐的高效安全的防腐保鲜剂,被广泛应用于食品、饮料、烟草、农药、化妆品等行业,防腐效果是同类产品苯甲酸钠的 5~10 倍,作为不饱和酸,也可用于树脂、香料和橡胶工业。

不同浓度的山梨酸钾对 BSF 体系 pH 振荡的影响如图 4-24 所示,振幅和周期的变化与注入苯甲酸钠时类似,对应数据见表 4-10。当山梨酸钾浓度为 0.5mmol/L 时,

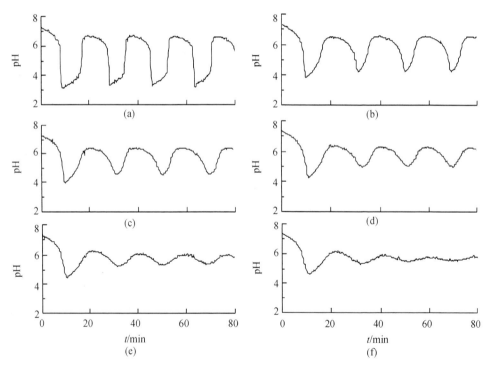

图 4-24 不同浓度山梨酸钾对 BSF 体系 pH 振荡的影响

山梨酸钾浓度(a)0;(b)8;(c)10;(d)12;(e)14;(f)16。单位:mmol/L

BSF 体系的周期几乎没有明显变化,但振荡振幅略微下降,$\Delta pH=3.3$;当浓度为 8mmol/L 时,$\Delta pH=2.32$,$\tau=16.45$min;当浓度为 14mmol/L 时,$\tau=15.66$min;当浓度为 16mmol/L 时,ΔpH 仅为 0.3,振荡几乎消失,此时体系 pH 在约 5.6 波动,在山梨酸钾的最大缓冲范围 $pK_a\pm1$ 之内。由图 4-22 可知,随着山梨酸钾加入浓度的增加,pH 振幅显著减小,而周期略有减小。pH 振荡的振幅和周期与山梨酸钾浓度存在如图 4-25 所示的线性关系:在 8~16mmol/L 范围内,$\Delta pH=-0.167C+3.467$,$R^2=0.999$;$\tau=-0.128C+17.501$,$R^2=0.972$。山梨酸钾在振荡液中以"山梨酸-山梨酸钾"缓冲对形式存在,其对 pH 振荡的抑制也是缓冲作用所致。

表 4-10 不同浓度的山梨酸钾存在下 pH 振荡的周期和振幅

项目	C/(mmol/L)								
	0	2	4	6	8	10	12	14	16
τ/min	17.56	17.34	16.90	16.70	16.45	16.19	16.02	15.66	15.58
ΔpH	3.32	3.08	2.87	2.62	2.29	1.80	1.35	1.04	0.79
pH_{max}	6.72	6.67	6.61	6.56	6.52	6.41	6.33	6.22	6.10
pH_{min}	3.40	3.59	3.74	3.94	4.22	4.61	4.98	5.18	5.31

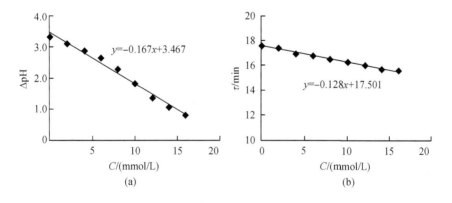

图 4-25 山梨酸钾浓度与 pH 振荡的振幅(a)和周期(b)的线性关系

比较图 4-23 和图 4-25 可知,山梨酸钾对 pH 振荡的抑制作用更强,苯甲酸钠和山梨酸钾完全抑制振荡的浓度分别为 30mmol/L 和 17mmol/L。据 Misra 等[10]报道,缓冲作用的强弱与酸的解离常数 pK_a 的大小有关,pK_a 越大,酸性越弱,其缓冲作用反而越强。苯甲酸和山梨酸钾的 pK_a 分别为 4.21 和 4.76[11],因此山梨酸钾的缓冲作用更强,其完全抑制 pH 振荡的浓度更小。

4.3.3 乙酸钠

乙酸钠(CH_3COONa，NaAc)，$pK_a = 4.74(25℃)$，其水溶液为弱碱性(50g/L 水溶液25℃时 pH 为 7.5~9.0)。不同浓度的 NaAc 对 BSF 体系 pH 振荡的影响如图 4-26 和图 4-27 所示，图中对应的周期、振幅见表 4-11。由以上图表可知，pH 振荡的振幅和周期的皆随 NaAc 浓度的增大而减小。当 NaAc 浓度为 0.1mmol/L

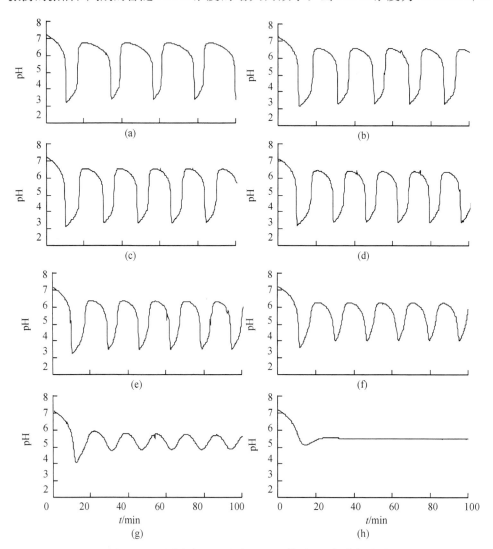

图 4-26　不同浓度的乙酸钠对 BSF 体系 pH 振荡的影响

流速为 $1220\mu L/(min \cdot 通道)$；乙酸钠浓度 (a) 0；(b) 0.1；(c) 0.5；(d) 1.0；(e) 2.5；(f) 5.0；(g) 10；(h) 15。单位：mmol/L

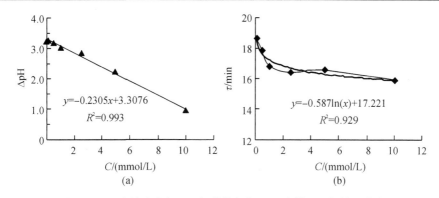

图 4-27 乙酸钠浓度与 pH 振荡的振幅(a)和周期(b)的关系曲线

表 4-11 不同浓度的 NaAc 存在下 pH 振荡的周期和振幅

项目	C/(mmol/L)						
	0	0.1	0.5	1.0	2.5	5.0	10
τ/min	21.83	18.67	17.83	16.83	16.42	16.58	15.92
ΔpH	3.24	3.27	3.19	3.03	2.85	2.23	0.94
pH_{max}	6.63	6.50	6.48	6.40	6.33	6.20	5.80
pH_{min}	3.39	3.23	3.29	3.37	3.48	3.97	4.86

时，BSF 体系的振幅几乎没有明显变化，但振荡周期明显下降；当浓度为 15mmol/L 时，振荡消失，此时体系 pH 约在 5.5 波动，在 NaAc 的最大缓冲范围 $pK_a \pm 1$。由图 4-27 还可知，随着 NaAc 加入浓度的增加，pH 振荡的振幅线性减小，而振荡周期则随对数浓度减小。NaAc 在振荡液中以"CH_3COOH-CH_3COO^-"缓冲对形式存在，其对 pH 振荡的抑制是缓冲作用所致。由于乙酸钠和山梨酸钾的 pK_a 几乎相同(分别为 4.75 和 4.76)，两者完全抑制 BSF 体系振荡的浓度很相近，分别为 15mmol/L 和 17mmol/L。

综上所述，加入有机弱酸(盐)对 BSF 体系 pH 振荡有不同程度的抑制作用，该作用实际上是有机弱酸(盐)溶液缓冲作用的体现，其缓冲作用与 pK_a 有关，最大缓冲范围为 $pK_a \pm 1$。由 BSF 体系 pH 振荡反应可知，当体系释放 H^+ 使 pH 降低时，若向体系中注入结合 H^+ 的物种，pH 的降低将必然受到抑制；反之，当体系消耗 H^+ 使 pH 升高时，若向体系中注入释放 H^+ 的物种，则 pH 的升高将受到抑制，表现在 pH 振荡曲线上即为振幅减小。因此，这种具有抑制 pH 上升或下降的物种，将抑制 BSF 体系的 pH 振荡，其抑制作用大小与所注入物种结合或释放 H^+ 的能力有关。以有机弱酸盐为例，上述原理可用下面的方程描述：

$$\text{pH}\downarrow \quad \boxed{\begin{array}{c} \text{R-COOH} \longleftarrow \text{R-COO}^- + \text{H}^+ \\ \text{BrO}_3^- + 3\text{HSO}_3^- + \text{H}^+ \longrightarrow \text{Br}^- + 3\text{SO}_4^{2-} + 4\text{H}^+ \end{array}} \quad (4\text{-}8)$$

$$\text{pH}\uparrow \quad \boxed{\begin{array}{c} \text{BrO}_3^- + 6\text{Fe(CN)}_6^{4-} + 6\text{H}^+ \longrightarrow \text{Br}^- + 6\text{Fe(CN)}_6^{3-} + 3\text{H}_2\text{O} \\ \text{R-COO}^- + \text{H}^+ \longleftarrow \text{R-COOH} \end{array}} \quad (4\text{-}9)$$

比较弱酸和弱酸盐对 pH 振荡曲线走势的影响，可以看出，山梨酸钾的加入导致负反馈过程加快同时正反馈过程减缓，而其余各弱酸或弱酸盐的加入皆导致正反馈过程加快同时负反馈过程减缓，但因对正负反馈过程的影响程度各自不同，故而对周期的影响不同。需要指出的是，弱酸盐的加入在一定程度上还具有"原盐效应"，该效应可由下述方程描述：

$$\log k = \log k_0 + 2Z_A Z_B \sqrt{I} \quad (4\text{-}10)$$

式中，Z_A 和 Z_B 代表反应物 A、B 所带电荷数；I 代表离子强度；k_0 代表外推至离子强度为 0 时的反应速率常数。同种离子之间反应产生正原盐效应，反应速率随 I 的增加而加快。该方程反映了反应速率对离子强度的依赖性。对于 BSF 体系，实际参与正、负反馈的离子均带负电荷，因而离子强度的增大对其皆为正原盐效应，结果导致反应速率均加快，反应周期缩短。事实上，有机弱酸（盐）的加入对 BSF 体系 pH 振荡的振幅和周期的影响均为缓冲作用和原盐效应共同作用的结果，但皆因浓度不大，故而原盐效应的影响很小。

4.4 碱类物质对 pH 振荡的影响

4.4.1 三聚氰胺

三聚氰胺[melamine, $C_3N_3(NH_2)_3$]，俗称密胺、蛋白精，是重要的化工原料，对身体有害，被不法商家用于提高食品的含氮量[12-14]。三聚氰胺的结构（图 4-28）中有 3 个 -NH$_2$ 基团，微溶于水（溶解度为 0.33g，20℃），其解离常数 $pK_a = 5.0$[12]，水溶液呈弱碱性（pH=8），与盐酸、硫酸、硝酸、乙酸、草酸等都能形成三聚氰胺盐[14,15]。

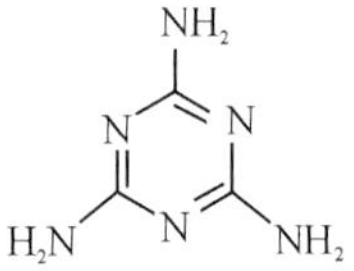

图 4-28 三聚氰胺结构式

不同浓度的三聚氰胺对 BSF 体系 pH 振荡的影响如图 4-29 所示,图中对应的振幅和周期等数据见表 4-12。由图可见,当三聚氰胺的浓度小于 6.0mmol/L 时[图 4-29(a)～图 4-29(g)],随着浓度的增大,ΔpH 和周期均减小。当三聚氰胺浓度为 6.0mmol/L 时,振荡几乎被完全抑制,体系最终的 pH 为 5.2～5.5,接近其 $pK_a=5.0$。三聚氰胺对 BSF 体系 pH 振荡的影响也源于缓冲作用,在该振荡的 pH 范围内,三聚氰胺与其弱酸盐形成 $(—NH_2)—NH_3^+$ 缓冲对,抑制 pH 振荡。然而,与弱酸(盐)恰好相反的是,弱碱三聚氰胺的加入导致负反馈加快、正反馈减慢。尽管三聚氰胺的结构式中有三个可反应的 $—NH_2$,但其在 BSF 体系中相当于一元弱碱,其完全抑制 pH 振荡的浓度(约 6.0mmol/L)与一元弱酸丙烯酸(6.0 mmol/L)接近。在一定范围内,pH 振荡的 ΔpH 和周期皆随三聚氰胺浓度的增大而线性减小(图 4-30)。

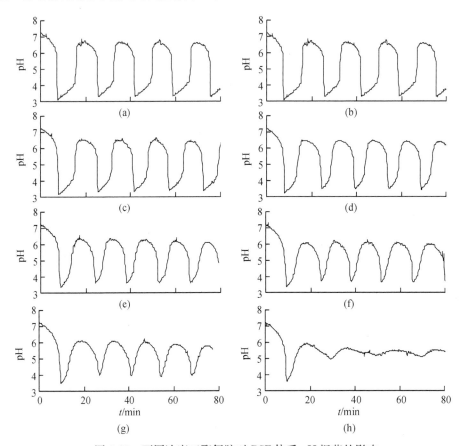

图 4-29 不同浓度三聚氰胺对 BSF 体系 pH 振荡的影响

三聚氰胺浓度 (a) 0; (b) 0.1; (c) 1.0; (d) 2.0; (e) 3.0; (f) 4.0; (g) 5.0; (h) 6.0。单位:mmol/L

表 4-12　不同浓度的三聚氰胺存在下 pH 振荡的周期和振幅

项目	C/(mmol/L)						
	0	0.1	1.0	2.0	3.0	4.0	5.0
τ/min	16.75	16.75	15.83	14.75	14.50	13.58	13.83
ΔpH	3.36	3.30	3.10	2.95	2.67	2.44	2.01
pH$_{max}$	6.65	6.64	6.50	6.45	6.30	6.16	5.99
pH$_{min}$	3.29	3.34	3.40	3.50	3.63	3.72	3.98

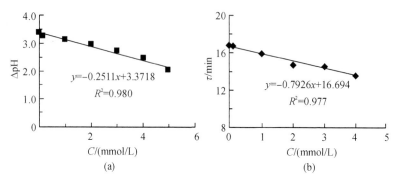

图 4-30　三聚氰胺浓度与 pH 振荡的振幅(a)和周期(b)的线性关系

4.4.2　氨水

氨水(ammonium hydroxide，$NH_3 \cdot H_2O$)是 NH_3 气体为 25% 的水溶液，有刺激性气味，$d=0.91 g/cm^3$，其解离常数 $K_b=1.8 \times 10^{-5}$，在水溶液中仅有一小部分氨分子与水反应生成 NH_4^+ 和 OH^- 而呈弱碱性(1mol/L 氨水的 pH 为 11.63，1%溶液的 pH 约为 11.7)。

不同浓度的氨水(以 NH_3 计)对 BSF 体系 pH 振荡的影响如图 4-31 所示，图中对应的振幅和周期等数据见表 4-13。由图可见，当氨水的浓度小于 4.0mmol/L 时[图 4-31(a)～图 4-31(f)]，随着浓度的增大，ΔpH 基本不变，周期则增大。当氨水浓度为 4.0mmol/L 时，振荡被完全抑制，体系最终的 pH 约 6.2。由于在 pH=6.6 时体系中 NH_3 仅有 0.2%，因而在本实验的 pH 振荡范围内氨水不能形成 NH_4^+—NH_3 缓冲对，而是以 NH_4^+ 形式存在，故而氨水的加入对 pH 振荡的影响仅为其弱碱性对体系 pH 的贡献，而没有缓冲作用；另外，由于氨水的浓度不大，体系离子强度的增大也基本可以忽略。由图 4-31 和表 4-13 可见，氨水的加入导致负反馈加快、正反馈减慢。由于正反馈是 H^+ 催化的快反应，故而 H^+ 浓度的减小对其反应速率的减慢非常明显，因此振荡周期增大；由于负反馈的加快、正反馈的减慢导致 pH$_{max}$ 与 pH$_{min}$ 基本同步增大，故而振幅基本不变。由图 4-32 可见，在一定范围内，pH 振荡的周期随氨水浓度的增大而线性增大。

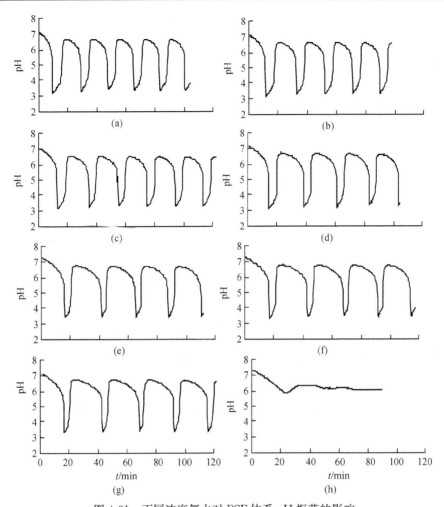

图 4-31 不同浓度氨水对 BSF 体系 pH 振荡的影响

流速为 1200μL/(min·通道);氨水浓度(a)0;(b)0.5;(c)1.0;(d)1.5;(e)2.0;(f)2.5;(g)3.0;(h)4.0。单位:mmol/L

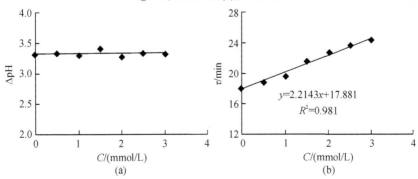

图 4-32 氨水浓度与 pH 振荡的振幅(a)和周期(b)的线性关系

表 4-13　不同浓度的氨水存在下 pH 振荡的周期和振幅

项目	$C/(\text{mmol/L})$						
	0	0.5	1.0	1.5	2.0	2.5	3.0
τ/min	18.08	18.75	19.67	21.42	22.75	23.58	24.17
ΔpH	3.31	3.32	3.30	3.40	3.27	3.34	3.32
pH_{max}	6.65	6.67	6.70	6.73	6.73	6.78	6.78
pH_{min}	3.34	3.35	3.40	3.33	3.46	3.44	3.46

4.4.3　氢氧化钠

不同浓度的氢氧化钠(sodium hydroxide, NaOH)对 BSF 体系 pH 振荡的影响如图 4-33 所示和图 4-34 所示，图中对应的振幅和周期等数据见表 4-14。由图可知，当 NaOH 的浓度小于 3.0mmol/L 时，随着浓度的增大，ΔpH 基本不变，而周期则线性增大。当 NaOH 浓度为 3.0mmol/L 时，振荡被完全抑制，体系 pH 保持在约 6.1。由于 NaOH 为强碱，在水中完全解离出 OH^-，故其对 pH 振荡体系没有缓冲作用，仅影响体系的 pH；另外，由于浓度不大，NaOH 对体系离子强度的贡献也基本可以忽略。NaOH 的加入对振幅和周期的影响规律与氨水相同，但由于其为强碱，等浓度的 NaOH 对体系 pH 的贡献更大，故其完全抑制振荡的浓度略小于氨水。

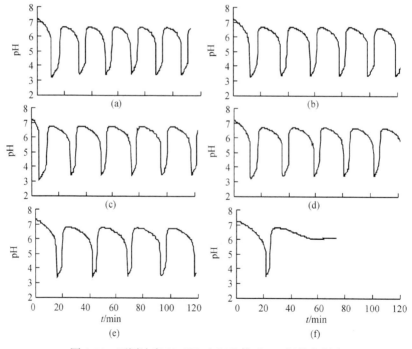

图 4-33　不同浓度 NaOH 对 BSF 体系 pH 振荡的影响

流速为 1200μL/(min·通道)；NaOH 浓度(a)0；(b)1.0；(c)1.5；(d)2.0；(e)2.5；(f)3.0。单位：mmol/L

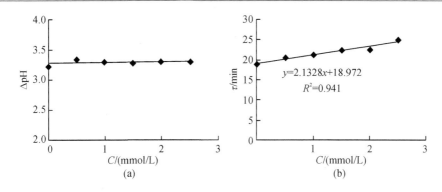

图 4-34 NaOH 浓度与 pH 振荡的振幅(a)和周期(b)的关系曲线

表 4-14 不同浓度的 NaOH 存在下 pH 振荡的周期和振幅

项目	C/(mmol/L)					
	0	0.5	1.0	1.5	2.0	2.5
τ/min	18.92	20.25	21.17	22.25	22.33	24.92
ΔpH	3.23	3.33	3.29	3.28	3.30	3.30
pH_{max}	6.62	6.65	6.61	6.67	6.66	6.72
pH_{min}	3.39	3.32	3.32	3.39	3.36	3.42

综上所述，有机弱碱与无机的弱碱、强碱皆抑制 pH 振荡，有机弱碱由于 pH 缓冲作用而抑制 pH 振荡的振幅和周期，而无机弱碱和强碱则由于对体系 pH 的贡献而使振荡周期增大而振幅基本不变。三种碱性物质完全抑制 pH 振荡的浓度从大到小依次为：三聚氰胺(6.0mmol/L)、氨水(4.0mmol/L)、NaOH(3.0mmol/L)。

4.5 无机盐对 pH 振荡的影响

4.5.1 氯化钠

氯化钠(sodium chloride, NaCl)是食盐的主要成分，主要由海水制取，用于工业、食品业和渔业、医疗以及信息存储等诸多行业。

不同浓度的 NaCl 对 BSF 体系 pH 振荡的影响如图 4-35、图 4-36 和表 4-15 所示。由图表可见，NaCl 的加入对 pH 振荡有抑制作用，振幅和周期皆随着浓度的增加而减小，周期的减小显著，振幅减小的幅度较小。由图 4-36 可见，振幅与浓度或对数浓度皆不成线性关系，而周期与对数浓度存在线性关系，线性范围为 125～1250mmol/L，检测限可低至 0.1mmol/L。由图 4-35 可见，NaCl 的加入对正、负反馈的速率都有加快作用，这可以用"原盐效应"解释：NaCl 的加入导致体系的离子强度增加,进而引起反应速率(k)的增加、pH振荡周期的减小。由于NaCl的加入对BSF体系的pH振荡有明显的抑制作用,因而可通过调节NaCl的加入浓度以缩短pH振荡周期。

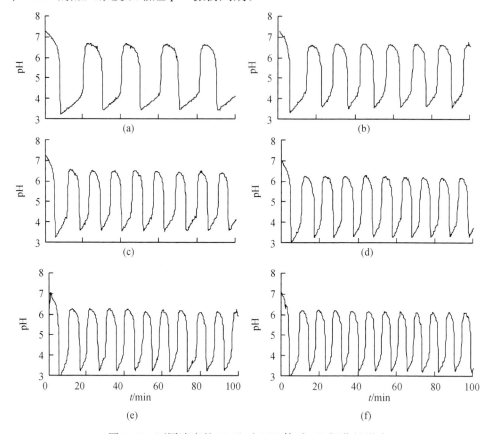

图4-35 不同浓度的NaCl对BSF体系pH振荡的影响

NaCl浓度(a)0;(b)250;(c)500;(d)750;(e)1000;(f)1250。单位:mmol/L

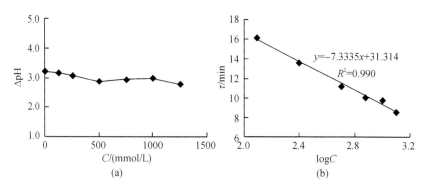

图4-36 NaCl的浓度与BSF体系pH振荡的振幅(a)和周期(b)的关系

表 4-15 不同浓度的 NaCl 存在时 BSF 体系 pH 振荡的振幅和周期

项目	$C/(\text{mmol/L})$						
	0	125	250	500	750	1000	1250
τ/min	20.17	16.17	13.58	11.17	10.08	9.75	8.58
ΔpH	3.20	3.16	3.07	2.88	2.95	2.97	2.79
pH_{max}	6.62	6.56	6.44	6.26	6.25	6.18	6.04
pH_{min}	3.42	3.40	3.37	3.38	3.30	3.21	3.25

4.5.2 氯化钾

氯化钾(potassium chloride,KCl)主要用于无机工业、染料工业、农业、照相、医药、食品加工、科学应用等。不同浓度的 KCl 对 BSF 体系 pH 振荡的影响如图 4-37、图 4-38 和表 4-16 所示。由图表可知,KCl 的加入对 pH 振荡有明显的抑制作用,振幅和周期皆随着浓度的增加而线性减小(线性范围为 50~750mmol/L),周期的减小显著,振幅减小的幅度较小。KCl 对 pH 振荡抑制的原因与 NaCl 相同,都可归因于"原盐效应"。同浓度的 KCl 和 NaCl 对 pH 振荡的影响相近,但由于 KCl 的饱和浓度远小于 NaCl,因此 NaCl 对 pH 振荡周期的调控性更好。

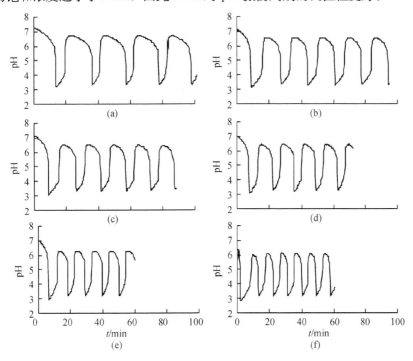

图 4-37 不同浓度的 KCl 对 BSF 体系 pH 振荡的影响

流速 1206μL/(min·通道);KCl 浓度(a)0;(b)50;(c)100;(d)250;(e)500;(f)750。单位:mmol/L

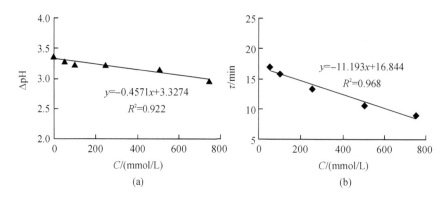

图 4-38 KCl 的浓度与 BSF 体系 pH 振荡的振幅(a)和周期(b)的关系

表 4-16 不同浓度的 KCl 存在时 BSF 体系 pH 振荡的振幅和周期

项目	C/(mmol/L)					
	0	50	100	250	500	750
τ/min	20.67	16.92	15.75	13.42	10.67	9.00
ΔpH	3.37	3.28	3.23	3.23	3.14	2.96
pH_{max}	6.68	6.56	6.54	6.45	6.32	6.11
pH_{min}	3.31	3.28	3.31	3.22	3.18	3.15

4.5.3 氯化镁

氯化镁(magnesium chloride，$MgCl_2$)易潮解，有一定腐蚀性，溶解度为 54.6g(20℃)、55.8g(30℃)。用于制金属镁、消毒剂、冷冻盐水、陶瓷，并用于填充织物、造纸等方面。不同浓度的 $MgCl_2$ 对 BSF 体系 pH 振荡的影响见图 4-39、图 4-40 和表 4-17。由图 4-39 可知，$MgCl_2$ 的加入对 pH 振荡有明显的抑制作用，振幅和周期皆随着浓度的增加而减小。由图 4-40 可知，振幅与浓度没有线性关系，周期随对数浓度线性下降。$MgCl_2$ 对 pH 振荡的影响也归因于"原盐效应"。

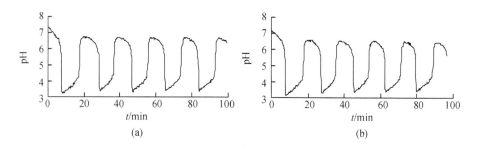

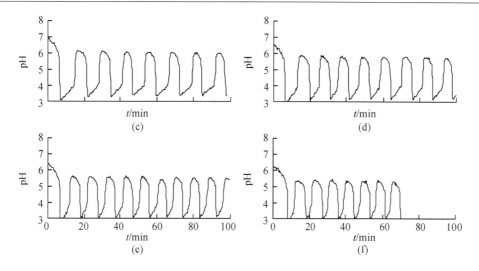

图 4-39 不同浓度的 $MgCl_2$ 对 BSF 体系 pH 振荡的影响

$MgCl_2$浓度(a)0；(b)25；(c)125；(d)250；(e)500；(f)750。单位：mmol/L

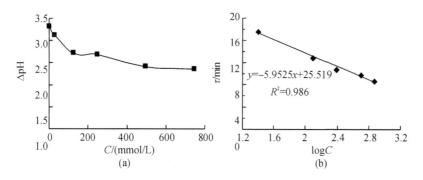

图 4-40 $MgCl_2$ 的浓度与 BSF 体系 pH 振荡的振幅(a)和周期(b)的关系

表 4-17 不同浓度的 $MgCl_2$ 存在时 BSF 体系 pH 振荡的振幅和周期

项目	$C/(mmol/L)$					
	0	25	125	250	500	750
τ/min	18.42	17.50	12.75	10.67	9.25	8.67
ΔpH	3.32	3.13	2.71	2.68	2.41	2.37
pH_{max}	6.69	6.54	6.04	5.85	5.54	5.41
pH_{min}	3.37	3.41	3.33	3.17	3.13	3.04

4.5.4 氯化钙

氯化钙(calcium chloride，$CaCl_2$)易溶于水，溶解度为 74.5g(20℃)、100g

(30℃)，其水溶液呈微碱性(5%水溶液的pH为4.5~9.2)。常用作制冷设备所用的盐水、道路融冰剂和干燥剂。$CaCl_2$及其水合物和溶液在食品制造、建筑材料、医学和生物学等多个方面均有重要的应用价值。

不同浓度$CaCl_2$的引入对BSF体系pH振荡的影响见图4-41，当进入BSF体系的$CaCl_2$浓度小于20mmol/L时，对pH振荡的正、负反馈反应速率基本没有影响，故而对振幅和周期基本没有影响。当$CaCl_2$浓度小于5.0mmol/L时，振荡体系始终为溶液态；当$CaCl_2$浓度达到10mmol/L时，起初体系出现白色浑浊，在pH降低至最低时变澄清，之后与没有$CaCl_2$时的现象相同；当浓度超过20mmol/L时，则在溶液进入体系就出现大量沉淀，堵塞管道，以致多余的反应液难以导出，振荡受到干扰。体系中出现浑浊或沉淀皆因为形成了难溶的$CaSO_3$之故[16]。

由于$CaCl_2$溶液呈中性，其对BSF体系的pH基本没有贡献，同时也不参与振荡反应，故而其浓度的变化不影响pH振幅的变化；再者，少量$CaCl_2$的加入对体系离子强度的影响也非常小，故对反应速率几乎没有影响。该研究结果与文献报道[17]的$CaCl_2$不干扰BSF体系振荡的报道是一致的。

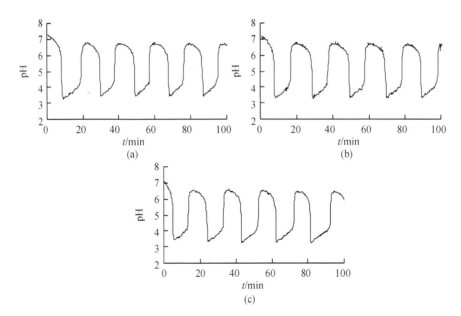

图4-41 不同浓度的$CaCl_2$浓度对BSF体系pH振荡的影响

$CaCl_2$浓度(a)0；(b)10；(c)20。单位：mmol/L

4.5.5 氯化铵

氯化铵(ammonium chloride，NH_4Cl)受热易分解，在水中的溶解度为37.2g(20℃)/41.4g(30℃)，其水溶液呈弱酸性(常温下饱和溶液的pH约5.6)，加热时酸性增强，盐酸和NaCl能降低其在水中的溶解度。NH_4^+的$K_a=5.6\times10^{-10}$(NH_3的$K_b=1.8\times10^{-5}$)。

不同浓度的NH_4Cl对BSF体系pH振荡的影响见图4-42、图4-43和表4-18所示。由此可见，NH_4Cl的加入对pH振荡有明显的抑制作用，振幅和周期皆随着浓度的增加而线性减小。因为在pH=6.5时体系中NH_3仅有0.2%，因而在pH振荡范围内几乎不存在NH_4^+—NH_3缓冲对，故而NH_4Cl的加入对pH振荡的影响主要为"原盐效应"的作用结果；另外，与其他的中性盐不同，NH_4Cl水溶液呈弱酸性，这对体系的酸度也有贡献，但影响很小。

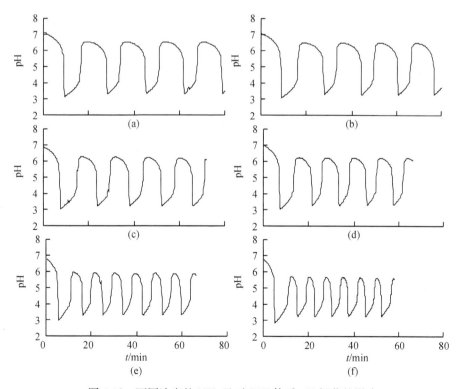

图4-42 不同浓度的NH_4Cl对BSF体系pH振荡的影响

流速为1207μL/(min·通道)；NH_4Cl浓度 (a) 0；(b) 50；(c) 100；(d) 250；(e) 500；(f) 750。

单位：mmol/L

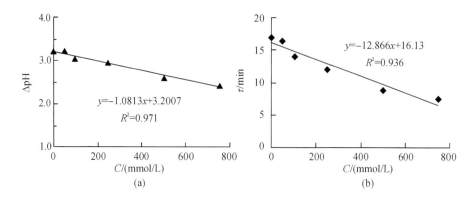

图 4-43 NH_4Cl 的浓度与 BSF 体系 pH 振荡的振幅(a)和周期(b)的关系

表 4-18 不同浓度的 NH_4Cl 存在时 BSF 体系 pH 振荡的振幅和周期

项目	C/(mmol/L)					
	0	50	100	250	500	750
τ/min	16.92	16.42	14.00	12.00	8.75	7.47
ΔpH	3.21	3.21	3.01	2.96	2.61	2.42
pH_{max}	6.53	6.50	6.30	6.22	5.92	5.73
pH_{min}	3.32	3.29	3.29	3.26	3.31	3.31

4.5.6 氯化铝

氯化铝(aluminum chloride,$AlCl_3$)是强酸弱碱盐,易溶于水,在水溶液中完全解离。由于 $AlCl_3$ 在水中会部分水解形成 HCl 气体或 H_3O^+ 离子,故水溶液呈酸性,稀溶液的 pH 为 4 左右(根据浓度不同 pH 有差异)。$AlCl_3$ 水溶液中存在水合铝离子,与 NaOH 反应可生成 $Al(OH)_3$ 沉淀。

不同浓度的 $AlCl_3$ 对 BSF 体系的 pH 振荡的影响如图 4-44 所示。把 $AlCl_3$ 加入到 BSF 体系,当 $AlCl_3$ 浓度由 0.25mmol/L 至 1.0mmol/L 增加时,反应液是浅黄绿色的,溶液颜色变化不是很大;达到 1.25mmol/L 时,起初反应液中出现少量悬浮颗粒,反应液略微浑浊,待 pH 降至最低反应液又变澄清;当达到 1.5mmol/L 时,出现的悬浮颗粒明显增多,在反应过程中反应液会出现澄清(pH_{min})与浑浊(pH_{max})之间的相互转变;再将浓度增大到 2.5mmol/L,反应液一开始变成了乳白色,随反应液 pH 的降低,乳白色逐渐变浅,待 pH 低于 3.8 时反应液变为黄绿色,但 pH 上升至 4.2 后反应液中又变为乳白色且不再消失。据文献报道[18]，在 pH 振荡体系中 $Al(NO_3)_3$ 会水解生成 $Al(OH)_3$，pH＝3.8 为转折点，高于 pH 3.8 时，体系为浑浊态；低于 pH 3.8 时，体系为澄清的溶液。本书中加入 $AlCl_3$ 有同样的作用，澄清和浑浊的转变点 pH 约 4.1。

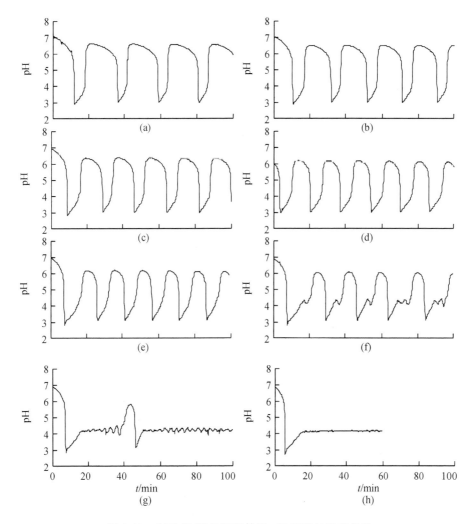

图 4-44　$AlCl_3$ 浓度对 BSF 体系 pH 振荡的影响曲线

流速 1222μL/(min·通道)；$AlCl_3$ 浓度(a)0；(b)0.25；(c)0.50；(d)0.75；(e)1.0；(f)1.25；(g)1.5；(h)2.5。单位：mmol/L

由图 4-44 可知，$AlCl_3$ 的加入对 BSF 体系 pH 振荡有抑制作用。当体系规则振荡时，随着氯化铝浓度的增加，pH 振幅和周期都减小；当浓度达到 1.25mmol/L 时，体系出现混沌现象[图 4-44(f)中在 pH 上升过程中出现的小的反向峰]；当浓度增大至 2.5mmol/L 时，pH 振荡被完全抑制，此时体系的 pH 约为 4.2。pH 振荡中的混沌现象是由于 pH 振荡和 $AlCl_3$ 水解反应互相竞争 H^+ 所致。

BSF 体系 pH 振荡的振幅和周期随 $AlCl_3$ 浓度的变化规律如图 4-45 所示，图中对应的周期、振幅、pH_{max} 和 pH_{min} 等数据见表 4-19。结合图 4-45 和表 4-19 可知，振幅随浓度线性减小，但减小幅度不大，这是由 pH_{max} 下降同时 pH_{min} 略微增大所致；而周期随浓度的增大而线性减小，且变化比较明显。周期的变化规律可能与 $AlCl_3$ 的加入对体系 pH 及离子强度的贡献有关。$AlCl_3$ 的水溶液呈酸性，它的加入导致体系 pH 减小，这会加快正反馈反应，减慢负反馈反应；另外，$AlCl_3$ 为无机盐，它的加入会增大体系的离子强度，通过"原盐效应"进而增大正、负反馈反应速率，故而振荡周期减小。

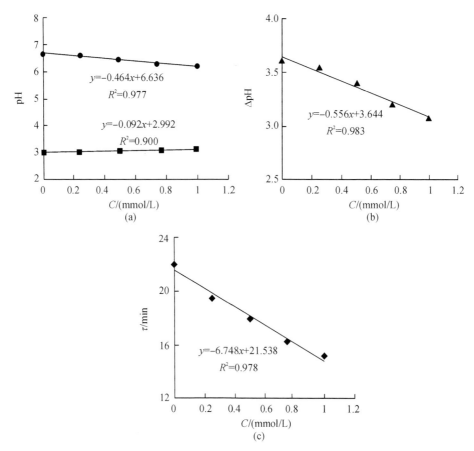

图 4-45　$AlCl_3$ 浓度与 pH 振荡的 pH_{max} 和 pH_{min}(a)、振幅(b)以及周期(c)的关系曲线

表 4-19 不同浓度的 AlCl$_3$ 存在下 pH 振荡的周期和振幅

项目	C/(mmol/L)					
	0	0.25	0.50	0.75	1.0	1.25
τ/min	22.00	19.50	17.88	16.25	15.19	18.42
ΔpH	3.61	3.54	3.39	3.21	3.08	2.99
pH$_{max}$	6.61	6.54	6.44	6.26	6.17	6.10
pH$_{min}$	3.00	3.00	3.05	3.05	3.09	3.11

比较上述 6 种常见无机盐的引入对 BSF 体系 pH 振荡的影响，除了 CaCl$_2$ 对 pH 振荡没有影响之外，其余 5 种皆能抑制 pH 振荡，其中以 AlCl$_3$ 对 pH 振荡的影响最为显著，这与等浓度时 AlCl$_3$ 对离子强度的贡献最大以及其酸性有关。然而，AlCl$_3$ 会完全抑制 pH 振荡；在可振荡范围内，伴随着 pH 振荡会出现"浑浊(高 pH)-澄清(低 pH)"的振荡现象，但 AlCl$_3$ 的浓度过大会导致体系中出现白色浑浊过多，影响 pH 检测。BSF 体系中引入 NaCl、KCl 和 MgCl$_2$ 皆抑制 pH 振荡，振幅降低是 pH$_{max}$ 的下降量比 pH$_{min}$ 的下降量多的结果；而引入 NH$_4$Cl 后振幅降低则是 pH$_{max}$ 下降同时 pH$_{min}$ 基本不变的结果；引入 AlCl$_3$ 后振幅降低则是 pH$_{max}$ 下降同时 pH$_{min}$ 略增大的结果。无机盐的引入对 pH 振荡的周期和振幅的抑制作用皆可由"原盐效应"解释：盐浓度增加，离子强度增加，正、负反馈反应速率加快，振荡周期减小；由于正、负反馈反应离子尺寸的差异，正反馈反应速率的加快比负反馈更显著，这从 pH 振荡曲线上也可看出，故而正反馈反应进行的更早、更彻底，因此体系的 pH$_{max}$ 下降，pH$_{min}$ 下降或基本不变。此外，NH$_4$Cl 和 AlCl$_3$ 的酸性对 pH 振荡周期的减小也有微小的贡献。

上述各类外源性物质的浓度与 pH 振幅或/和周期的线性关系不是很好，线性系数 R^2 极少能达到或超过 0.99，其主要原因如下：①蠕动泵进样依靠泵头挤压硅橡胶软管，因而在测试过程中流速会因软管的变形而有偏差；②浓盐酸、乙酸、氨水等挥发性物质的溶液浓度与理论计算有偏差；③计算振幅和周期时存在取点误差。

本章系统地研究了无机酸、有机弱酸、有机弱酸盐、弱碱及无机盐等化学物质对 BSF 体系 pH 振荡行为的影响及原因，结果表明：①各类外源物的加入皆干扰 pH 振荡，导致 pH 振荡的振幅减小或基本不变，除 VC 及无机碱会增大振荡周期，其余的皆使周期减小；②在一定浓度范围内，pH 振荡的周期或/和振幅皆与这些外源物质的浓度有一定的线性关系；③有机弱酸、有机弱酸盐、有机弱碱、多元无机酸等对 pH 振荡的抑制皆源于其缓冲作用，且其抑制作用与其 pK_a 有关；④无机强酸抑制 pH 振荡以及无机碱增大 pH 振荡周期皆是由酸度对 BSF 体系正、负反馈反应影响的差异性所致；⑤除 $CaCl_2$ 不影响振荡外，常见的中性无机盐对 pH 振荡的抑制皆归因于"原盐效应"，而酸性无机盐则还与其酸性有关。各物质完全抑制 pH 振荡的浓度及对应的 pH 列于表 4-20 中，对比可见，有机弱酸盐完全抑制 pH 振荡的浓度大于弱酸、弱碱、强酸、强碱。利用外源物质与 pH 振荡行为之间的关系，可通过改变加入外源物的种类和浓度来调节 pH 振荡行为，以匹配不同的 pH 敏感的智能体系。本研究对于设计 pH 振荡体系与智能材料耦合系统以及解析相关振荡行为具有重要参考价值。

表 4-20　各种物质完全抑制 pH 振荡的浓度

外源物质	解离常数（25℃）	完全抑制振荡时体系 pH	完全抑制振荡的浓度（mmol/L）
维生素 C	$pK_{a1}=4.17$，$pK_{a2}=11.75$	3.8～3.9	6.0
柠檬酸	$pK_{a1}=3.13$，$pK_{a2}=4.76$，$pK_{a3}=6.40$	4.2～4.4	1.0
丙烯酸	$pK_a=4.35$	4.3～4.5	6.0
乙酸	$pK_a=4.74$	4.6	5.0
盐酸	—	4.11～4.15	4.0
磷酸	$pK_{a1}=2.12$，$pK_{a2}=7.20$，$pK_{a3}=12.36$	3.95	5.0
草酸	$pK_{a1}=1.38$，$pK_{a2}=4.28$	4.15	1.5
苯甲酸钠	$pK_a=4.21$	5.2	30
山梨酸钾	$pK_a=4.76$	5.6	17
乙酸钠	$pK_a=4.74$	5.5	15
三聚氰胺	$pK_a=5.0$	5.2～5.5	6.0
氨水	$pK_a=9.25$（$pK_b=4.75$[19]）	6.2	4.0
氢氧化钠	—	6.1	3.0

参 考 文 献

[1] 华中师范大学，东北师范大学，陕西师范大学，等. 分析化学. 第 3 版. 北京：高等教育出版社，2001：96，342-343.

[2] Yang S, Hou Y L, Hu D D. On pH and Ca^{2+} oscillations monitored by pH electrode and Ca-ISE in bromate-sulfite-ferrocyanide system introduced Ca-EDTA. Bull Korean Chem Soc, 2015, 36（1）：237-243.

[3] 吴庆生，丁亚平，倪其道，等. 生物样品中还原型 VC 的示波电位动力学分析法测定. 分析测试学报，

1995, 14(5): 36-40.

[4] 范文琴, 王永辉. 抗坏血酸对 $CH_2(COOH)_2$-BrO_3^--Mn^{2+}-H_2SO_4 体系化学振荡反应的影响. 大连交通大学学报, 2009, 30(3): 66-70.

[5] 单金缓, 范立, 霍树营. 催化动力学光度法测定抗坏血酸的反应动力学. 河北大学学报, 2006, 26(4): 381-384.

[6] 赵学庄, 赵鸿喜, 徐耀东, 等. 维生素 C 对 Belousov-Zhabotinskii 反应的影响. 科学通报, 1985, (5): 586-588.

[7] 武汉大学. 分析化学. 第5版. 北京: 高等教育出版社, 2006: 116-118.

[8] 吉琳, 张媛媛, 胡文祥, 等. 碘酸盐-亚硫酸盐-亚铁氰化物反应在 CSTR 体系中诱导的钙振荡. 北京理工大学学报, 2009, 29(7): 648-658.

[9] 杨珊, 侯玉龙, 胡道道. $KBrO_3$-Na_2SO_3-$K_4Fe(CN)_6$ 体系 pH 振荡影响因素研究. 西北大学学报, 2014, 44(5): 756-761, 765.

[10] Misra G P, Siegel R A. Ionizable drugs and pH oscillators: buffering effects. J Pharm Sci, 2002, 91(9): 2003-2015.

[11] 祝伟霞, 魏蔚, 杨冀州, 等. 高效液相色谱法测定乳饮料和奶制品中苯甲酸和山梨酸. 中国国境卫生检疫杂志, 2005, 28(5): 280-282.

[12] Jang Y H, Hwang S, Chang S B, et al. Acid dissociation constants of melaime derivatives from density functional theory calculations. J Phys Chem A, 2009, 113(46): 13036-13040.

[13] Pichon V, Chen L, Guenu S, et al. Comparison of sorbents for the solid-phase extraction of the highly polar degradation products of atrazine (including ammeline, ammelide and cyanuric acid). J Chromatography A, 1995, 711(2): 257-267.

[14] 沈昊宇, 赵永纲, 王乐屏, 等. 三聚氰胺及其相关物质的性质、危害与检测技术. 化学通报, 2009, (4): 341-349.

[15] 杨盛林, 黄思玲. 三聚氰胺的性质、检测方法及毒理学. 食品与药品, 2008, 10(11): 66-69.

[16] Horváth V, Kurin-Csörgei K, Epstein I R, et al. Oscillatory concentration pulses of some divalent metal ions induced by a redox oscillator. Phys Chem Chem Phys, 2010, 12(6): 1248-1252.

[17] Kurin-Csörgei K, Epstein I R, Orbán M. Periodic pulses of calcium ions in a chemical system. J Phys Chem A, 2006, 110(24): 7588-7592.

[18] Kurin-Csörgei K, Epstein I R, Orbán M. Systematic design of chemical oscillators using complexation and precipitation equilibria. Nature, 2005, 433(1): 139-142.

[19] Chembuddy. pH calculator program - Base acid titration and equilibria - dissociation constants pK_a and pK_b. http://www.chembuddy.com/?left=BATE&right=dissociation_constants [2015-1-10]

第 5 章　pH 振荡与快速平衡反应的耦联

pH 振荡与快速平衡反应耦联可以产生特定的元素振荡，同时快速平衡也可作为缓冲物质抑制 pH 振荡的振幅和周期。Epstein 等[1]将 BSF 振荡反应与 Ca^{2+} 和 EDTA 的络合反应耦合，产生了游离 Ca^{2+} 的周期性振荡。该研究不仅建立了基于 Ca^{2+} 的化学振荡器，同时也是调节 BSF 体系 pH 振荡的振幅和周期的范例。鉴于 EDTA 结合或释放 H^+ 和金属离子的能力依赖于溶液的 pH，吉琳等[2]提供了放大核心 pH 振荡器的工作范围的思路，即通过向 pH 振荡器 H_2O_2-$S_2O_3^{2-}$-Cu^{2+} 中引入适量 EDTA，利用 EDTA 与 Cu^{2+} 的络合作用能够促进负反馈，从而同时增加氧-还电位和 pH 振荡范围，还扩大了产生振荡的流速范围。

在 pH 振荡与一些反应的耦联研究中，EDTA 和 CaEDTA 对 BSF 体系 pH 振荡的影响特别受关注[1-3]。这些研究主要集中在产生特定化学物质的周期性振荡和调节 pH 振荡的振幅和周期。除此之外，还有一些特殊的振荡行为也受到关注。例如，Epstein 等[1]发现，当 CaEDTA 浓度降低时，Ca^{2+} 振荡从近似的正弦曲线形状转变为矩形；吉琳等[2]报道，H_2O_2-$Na_2S_2O_3$-Na_2SO_3-H_2SO_4 体系的 pH 振荡没有混沌（chaos）现象，但其对应的氧-还电位却存在混沌现象。BrO_3^--SO_3^{2-}-$Fe(CN)_6^{4-}$-$Al(NO_3)_3$ 体系引入 NaF 所产生的 F^- 振荡也存在混沌现象[3]。然而，在这些关于混沌现象的报道中并未给出产生原因的解释。事实上，这些出现在 pH 振荡中的小的混沌现象是由诸如温度[4]、沉淀[5]等因素诱导的。据此可知，这些混沌状态归因于动力学因素对核心振荡器复合反应速率的影响不同。

本章以 BSF 体系为 pH 振荡模型，在 CSTR 条件下，研究 EDTA、CaEDTA 与 BSF 体系耦联后的 pH 振荡和 Ca^{2+} 振荡。将诸如 BSF 体系之类的核心 pH 振荡器与 CaEDTA 的络合平衡耦联，便可实现 Ca^{2+} 振荡[3]。pH 振荡器和 CaEDTA 络合平衡之间的相互作用原理如图 5-1 所示。将 BSF 振荡器与 CaEDTA 的络合平衡耦联的体系简称为 BSF-CaEDTA 体系。pH 振荡器与络合平衡之间通过相同的物种 H^+ 相互关联起来，且 CaEDTA 络合平衡中[Ca^{2+}]强烈地依赖于体系 pH。因此，将 CaEDTA 引入 pH 振荡体系中可以诱导 Ca^{2+} 振荡。本研究对建立基于络合作用与 BSF 体系耦合的金属离子振荡体系具有积极意义。

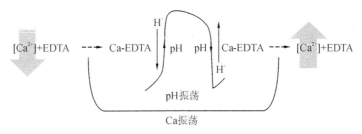

图 5-1 pH 振荡与耦联的 pH 依赖的 CaEDTA 络合平衡之间的相互作用示意图

5.1 研 究 方 法

pH 振荡反应的发生装置见本书 2.4 小节图 2-13，核心 pH 振荡器的各溶液浓度及具体的反应条件同 4.1 小节。$Na_2H_2EDTA \cdot 2H_2O$(乙二胺四乙酸二钠盐，EDTA)、$CaNa_2EDTA$(乙二胺四乙酸二钠钙，CaEDTA)、KCl 均为分析纯，直接使用。

考察 EDTA 和 CaEDTA 浓度变化对 BSF 振荡的影响时，用同浓度的 $KBrO_3$ 与 EDTA(或 CaEDTA)的混合液替代 $KBrO_3$ 溶液从头进样，标示浓度为进入体系后的浓度。改变 EDTA 的浓度，研究其对 BSF 体系 pH 振荡行为的影响。改变 CaEDTA 的浓度，研究其对 BSF 体系 pH 振荡和 Ca^{2+} 振荡行为的影响。Ca^{2+} 浓度的变化用 pCa($pCa = -\log[Ca^{2+}]$)表示，用 Ca-ISE 检测，参比电极为饱和甘汞电极。考察 KCl 浓度变化对 BSF 体系和 BSF-CaEDTA 体系的影响时，用同浓度的 H_2SO_4 与 KCl 的混合液替代 H_2SO_4 进样，同时测试体系的 pH 和 pCa 变化。

5.2 EDTA 对 pH 振荡的影响

EDTA 浓度(C_{EDTA})变化对 BSF 体系 pH 振荡的影响如图 5-2 所示。EDTA 的存在对 BSF 体系的 pH 振荡有抑制作用；随着 EDTA 浓度的增加，体系振幅和周期都明显减小，直至振荡消失。

pH 振荡振幅的减小可由 EDTA 溶液的缓冲作用得到解释[1]。由 EDTA 各种存在型体在不同 pH 时的分布曲线(图 5-3)[6,7]可知，在 pH 3~7 范围内，

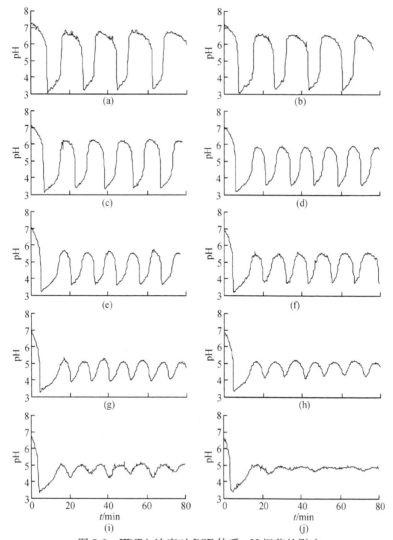

图 5-2 EDTA 浓度对 BSF 体系 pH 振荡的影响

EDTA 浓度(a)0.1;(b)0.5;(c)2.5;(d)5.0;(e)7.5;(f)10.0;(g)12.5;(h)15.0;(i)17.5;(j)20.0。单位:mmol/L

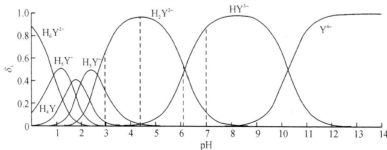

图 5-3 EDTA 各种存在型体在不同 pH 时的分布曲线[6,7]

EDTA 的主要型体为 H_3Y^-、H_2Y^{2-} 和 HY^{3-}。这三种型体涉及如下两个平衡反应：

$$H_3Y^- \rightleftharpoons H_2Y^{2-} + H^+ \tag{5-1}$$

$$H_2Y^{2-} \rightleftharpoons HY^{3-} + H^+ \tag{5-2}$$

在 pH 从 6.65 下降至 3.30 的过程中，BSF 体系正反馈所产生 H^+ 有一部分被式(5-1)和式(5-2)的质子化过程(即从 H_2Y^{2-} 到 H_3Y^- 和从 HY^{3-} 到 H_2Y^{2-})所消耗，因而 pH 振荡的 pH_{min} 增大。相反地，在 pH 从 3.30 上升至 6.65 的过程中，BSF 体系的负反馈所消耗的 H^+ 有一部分由式(5-1)和式(5-2)的去质子化过程(即从 H_3Y^- 到 H_2Y^{2-} 和从 H_2Y^{2-} 到 HY^{3-})所供给，因而 pH 振荡的 pH_{max} 减小。pH_{min} 的增大和 pH_{max} 的减小共同导致 pH 振荡的振幅减小。随着 EDTA 浓度的增加，其缓冲作用也越强，H_3Y^- 和 HY^{3-} 逐渐减少而 H_2Y^{2-} 逐渐增多，pH_{min} 和 pH_{max} 则彼此逐渐接近，导致振幅越来越小；当 EDTA 浓度达到一定值时，H_3Y^- 和 HY^{3-} 几乎消失，体系中的主要型体为 H_2Y^{2-}，此时体系 pH 接近 4.4，振荡被完全抑制。

从图 5-2 中读取 pH_{max}、pH_{min}、振幅及周期数据，分别对 EDTA 浓度作图，结果如图 5-4 所示。图 5-4(a)表明，BSF 体系 pH 振荡的 pH_{max}、pH_{min} 以及振幅都与 EDTA 浓度呈线性关系，线性相关系数 R^2 分别为 0.926、0.976 和 0.984，线性范围为 $0.1\sim20.0$ mmol/L；pH_{max} 随 EDTA 浓度的增加而线性减小，而 pH_{min} 却线性增大，当 pH 约为 4.4 时，pH_{max} 与 pH_{min} 相同，振荡被完全抑制，此时 $C_{EDTA}=21.5$ mmol/L、pH=4.6。

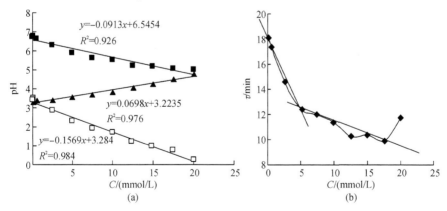

图 5-4　EDTA 浓度对 BSF 体系 pH 振荡的振幅(a)和周期(b)的影响

图(a)中□、■、▲分别代表振幅、pH_{max}、pH_{min}

由于振荡的 pH_{max} 与 pH_{min} 间的差异随着 C_{EDTA} 的增大而减小，因此 BSF 体系

pH 振荡的周期也随之减小。从图 5-4(b)可知，振荡周期与在 C_{EDTA} 一定范围内存在线性关系，两个明显的线性区域为 $C_{EDTA}=0.1\sim5.0$mmol/L 和 $5.0\sim17.5$mmol/L，其中前者的斜率较大。该现象可能与 EDTA 在不同浓度下的主要型体不同有关。当 $C_{EDTA}<5.0$mmol/L 时，pH 振荡的范围在 $6.8\sim3.2$[图 5-2(a)~图 5-2(c)]，由于 pH 变化范围大，故此 pH 范围更有利于高 pH 时 HY^{3-} 与 H_2Y^{2-} 间的转化以及低 pH 时 H_3Y^- 与 H_2Y^{2-} 间的转化[6]。然而，当 $C_{EDTA}>5.0$mmol/L 时，pH 振荡的范围在 $6.0\sim3.5$[图 5-2(d)~图 5-2(j)]，该 pH 下 HY^{3-} 向 H_2Y^{2-} 的转化变慢[6]。另外，C_{EDTA} 对振荡周期的影响还可以从 pH 振荡曲线中峰形的细微变化来解释。由图 5-2 可知，当 C_{EDTA} 增大时，振荡峰的缓慢减小和振荡谷的缓慢增大是同步的，这导致振荡周期减小。该线性归因于 HY^{3-} 向 H_2Y^{2-} 和 H_3Y^- 向 H_2Y^{2-} 的转化趋势很强，这导致正反馈(产生 H^+ 的过程)和负反馈(消耗 H^+ 的过程)的反应速率皆加快。

综上所述，由于 EDTA 对溶液 pH 变化的缓冲作用，其引入导致 BSF 体系 pH 振荡的振幅和周期皆减小，且减小的幅度随 EDTA 浓度的增大而增大。

5.3 CaEDTA 对 pH 振荡的影响

CaEDTA 浓度(C_{CaEDTA})对 BSF 体系 pH 振荡的影响如图 5-5 所示。结果表明，CaEDTA 的存在对 BSF 体系的振荡有抑制作用；随着 CaEDTA 浓度的增大，体系振幅逐渐减小；而 CaEDTA 的存在仅使 BSF 体系的振荡周期从 17.2min 降低至约 14min，而周期基本不随 CaEDTA 浓度的增大而改变。周期的变化规律与吉琳等[8]对 ISF 体系中 CaEDTA 的浓度影响的报道不一致。

以 BSF 体系振荡的 pH_{max}、pH_{min}、振幅及周期分别对 C_{CaEDTA} 作图，结果如图 5-6 所示。图 5-6(a)表明，BSF 体系振荡的 pH_{max}、pH_{min} 以及振幅皆与 C_{CaEDTA} 成线性关系，线性相关系数分别为 0.985、0.941 和 0.969，线性范围为 $0.1\sim9.5$mmol/L；pH_{max} 随 C_{CaEDTA} 的增大而线性减小，而 pH_{min} 却线性增大，故而振幅线性减小。当体系中 C_{CaEDTA} 大于 9.5mmol/L 时，振荡被完全抑制，此时 pH 约为 5.1。图 5-6(b)表明，在 C_{CaEDTA} 不大于 9.5mmol/L 范围内，BSF 体系 pH 振荡周期基本不随 C_{CaEDTA} 的增大而改变，基本保持在 14min 左右。

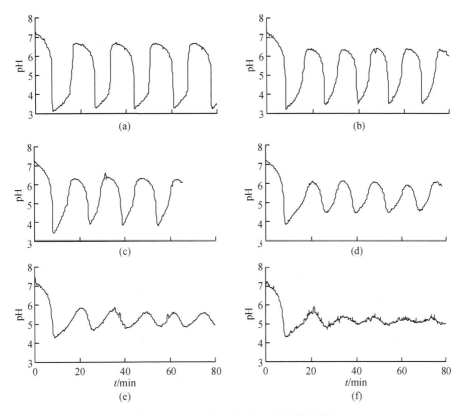

图 5-5 CaEDTA 浓度对 BSF 振荡的影响

CaEDTA 浓度(a)0；(b)1.0；(c)2.0；(d)4.0；(e)7.0；(f)9.0。单位：mmol/L

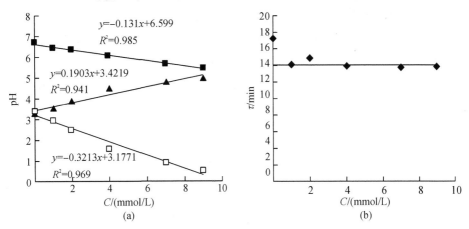

图 5-6 CaEDTA 浓度对 BSF 振荡的振幅(a)和周期(b)的影响

图(a)中□、■、▲分别代表振幅、pH_{max}、pH_{min}

比较图 5-6(a)和图 5-4(a)可以发现，图 5-6(a)中振幅曲线的斜率远大于图 5-4(a)，这说明 CaEDTA 对 BSF 振荡的抑制作用更强，这也可以由完全抑制振荡的最低浓度 C_{CaEDTA} 小于 C_{EDTA} 得到证明。由于 Ca^{2+} 并不干扰 BSF 体系的振荡[1]，推测该结果是由于 CaEDTA 的络合作用增强了 EDTA 的缓冲作用所致，而并非如吉琳等[2]所述的络合作用是 EDTA 缓冲作用的抗衡。图 5-6(b) 中周期基本不变，可能是由于 Ca^{2+} 与 EDTA 的络合平衡反应速率相对于 EDTA 的离解平衡而言较慢，延缓了 EDTA 释放或结合 H^+ 的时间，故而抑制了 pH 振荡周期随 C_{CaEDTA} 的增大而减小的趋势。

5.4　BSF-CaEDTA 体系的 pH 振荡和 Ca^{2+} 振荡

众所周知，EDTA 的主要型体随 pH 变化，而 CaEDTA 的形成常数 K_{CaEDTA} 也随着 pH 变化。Ca^{2+} 与 EDTA 络合的形成常数 $\lg K_{CaEDTA}=10.7$[7]，在实验条件下，BSF 体系的 pH 在 3.5～6.7 振荡，考虑酸效应，在 pH 为 3.5 和 6.5 时，CaEDTA 的条件形成常数 $\lg K'_{CaEDTA}$ 分别为 1.22 和 6.78。这表明：在低 pH 时，Ca^{2+} 很难络合 EDTA，主要以游离 Ca^{2+} 形态存在；而在高 pH 时，主要以络合物 CaEDTA 形式存在[3,8]。也就是说，在 BSF-CaEDTA 体系中，$[Ca^{2+}]$ 与 $[H^+]$ 同步变化。

图 5-7(a)、图 5-7(c)、图 5-7(e) 和图 5-7(g) 给出了不同浓度 CaEDTA 存在时 BSF-CaEDTA 体系的 pH 和 pCa 随时间的变化曲线。正如预期，pH 振荡可以诱导 $[Ca^{2+}]$ 振荡。以 pH 和 pCa 振幅对 C_{CaEDTA} 作图[图 5-8(a)]，可以发现，pH 振幅随 C_{CaEDTA} 的增大而线性地减小，而 pCa 振幅则随 C_{CaEDTA} 的增加呈先增大后减小的趋势。该结果与文献[1]的报道一致。该结果可由图 5-1 所示原理得以解释。$[Ca^{2+}]$ 振荡可归因于 Ca^{2+} 和 EDTA 之间的络合作用对 pH 振荡的响应：$[Ca^{2+}]$ 随着 pH 增加而减小是由于络合作用增强，同时 $[Ca^{2+}]$ 随着 pH 的降低而增大是由于 CaEDTA 的解离作用增强。因此，pH 和 pCa 振荡基本是同步变化的。pH 和 pCa 振荡振幅的变化趋势随着 C_{CaEDTA} 的增加而增大，这是与络合作用与 pH 振荡的相互作用有关。由于 EDTA 的缓冲作用，pH 振荡的振幅随着 C_{CaEDTA} 的增加而逐渐减小；而 pCa 振荡的振幅则依赖于 $[Ca^{2+}]$ 的最大值和最小值。很明显，pCa 振幅随着 C_{CaEDTA} 的增加而增大，这是由于 CaEDTA 提供了 Ca^{2+} 源。如上所述，由于 pCa 振荡依赖于 pH 振荡，因此 pH 振荡有利于 Ca^{2+} 振

荡，然而 pH 振荡又随着 C_{CaEDTA} 的增加而受到的抑制作用逐渐增加，这就导致 pCa 振荡在 C_{CaEDTA} 较低时被增强，而在 C_{CaEDTA} 较高时被抑制[图 5-8(a)]。该结果与文献[1]的报道一致。

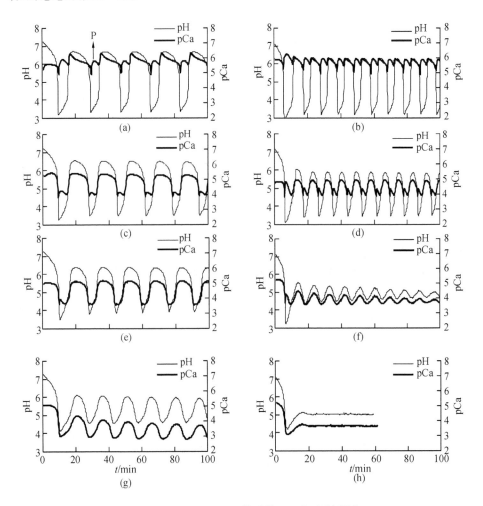

图 5-7　BSF-CaEDTA 体系的 pH 和 Ca^{2+} 振荡

CaEDTA 的浓度分别为(a)0.1；(c)1.0；(e)2.0；(f)5.0。单位：mmol/L。(b)、(d)、(f)、(h)则依次对应(a)、(c)、(e)、(f)体系中有 0.5mol/LKCl 存在

比较图 5-8(a)和图 5-4(a)中 pH 振幅变化的斜率，可以发现，CaEDTA 对 BSF 体系 pH 振荡的缓冲作用比 EDTA 要大，该差异源于 Ca^{2+} 与 EDTA 的络合作用。当体系中存在 EDTA 时，EDTA 的三种型体 H_3Y^-、H_2Y^{2-} 和 HY^{3-} 之间的相互转化为 pH 振荡提供缓冲作用；当体系中存在 CaEDTA 时，pH 振荡的缓

冲作用则源于 CaH_3Y、CaH_2Y 和 $CaHY$。一般来说，EDTA 各型体的平衡常数[式(5-1)和式(5-2)]小于对应 CaEDTA 各型体的平衡常数[式(5-3)和式(5-4)]，因此，CaEDTA 对 pH 振荡的缓冲作用大于同浓度的 EDTA。

$$Ca^{2+} + H_3Y^- \rightleftharpoons CaH_2Y + H^+ \tag{5-3}$$

$$Ca^{2+} + H_2Y^{2-} \rightleftharpoons CaHY^- + H^+ \tag{5-4}$$

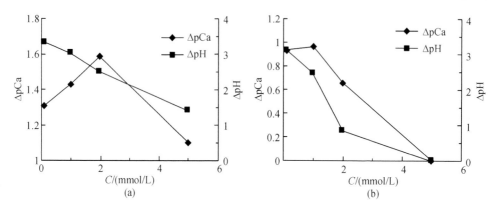

图 5-8　CaEDTA 浓度变化对 BSF-CaEDTA 体系 pH 和 pCa 振幅的影响
(a) 无 KCl，(b) 0.5mol/L KCl

事实上，pH 振荡和 pCa 振荡并非完全同步，尤其当 CaEDTA 的浓度较低时[图 5-7(a)、图 5-7(c)和图 5-7(d)、图 5-7(e)]。当 C_{CaEDTA} 小于 2.0mmol/L 时，Ca^{2+} 振荡存在明显的混沌(chaos)现象。由图 5-7(a)、图 5-7(c)和图 5-7(e)所示，对于 pCa 振荡曲线，其在 pH 振荡的谷处存在小的反向峰(P 点)。正常情况下，pH 的降低会引起 CaEDTA 的解离，从而导致 pCa 降低。然而，令人奇怪的是，pH 的降低导致了 pCa 的增加。据悉，尽管已有关于化学振荡中伴随的小的混沌现象是由诸如温度[4]、沉淀[5]之类的因素所诱发的报道，但本文报道的 pCa 振荡伴随的小的混沌现象尚属首次。该现象可能是由于 pH 变化干扰 Ca-ISE 对 Ca^{2+} 的响应，导致测得的 Ca^{2+} 浓度并非其真实浓度所致。

为了证明异常的 Ca^{2+} 响应是否与 pH 干扰 Ca-ISE 响应 Ca^{2+} 有关，本文设计如下实验：在不同浓度的 $CaCl_2$ 存在时，测试 BSF 体系的 pH 振荡，同时用 Ca-ISE 测试体系[Ca^{2+}]的变化。实验结果如图 5-9 所示：在高 pH 时，pCa 保持不变，而在低 pH 时，pCa 则出现突升和缓降的变化过程。据文献[9]报道，当[SO_3^{2-}]较高时(即高 pH 时)，Ca^{2+} 形成 $CaSO_3$ 沉淀，故自由 Ca^{2+} 浓度降到最低。然而本书的研究结果恰好与之相反，图 5-9 中 pCa 曲线的异常现象显然与 $CaSO_3$

的形成无关。考虑 pH 变化和 BSF 振荡器的组分的影响,Epstein 等[1]通过一系列测试来评价 BSF 振荡混合液中 Ca-ISE 的响应性。他们认为,pH 在 3~6.5 变化对 Ca-ISE 的响应几乎没有影响,而且 BSF 体系的各组分也不干扰 Ca-ISE 的响应。通常,Ca-ISE 线性响应的 pH 范围为 4~10[10],但在强酸或强碱介质中,溶液中总的 Ca 浓度越小,Ca-ISE 的响应则越偏离上述 pH 范围。当 pH 小于 4 时,pCa 曲线的突增是因为体系中的 H^+ 增多,大量的 H^+ 渗入 Ca-ISE 膜内使其同时响应 Ca^{2+} 和 H^+,导致电极电位增加[11]。尽管本书的实验条件与 Epstein 等[1]报道的相同,但在 pH 3~6.5 范围内,pH 变化对 Ca-ISE 响应的影响不同,差异极有可能是实验中所用的 Ca-ISE 与文献不同所致。

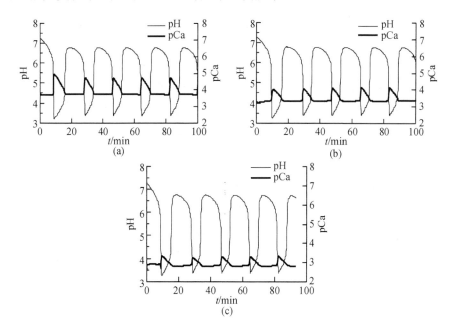

图 5-9 $CaCl_2$ 浓度变化对 BSF 体系 pH 和 Ca^{2+} 振荡的影响

$CaCl_2$ 的浓度(a)1.0;(b)2.0;(c)5.0。单位:mmol/L

如图 5-9(a)所示,在 pH 7.2~4.4 范围内,pCa 约为 3.64。pCa 的测量值接近由加入的 Ca^{2+} 浓度所计算的值。按照实验条件,流速为 1210μL/(min·通道),保留时间为 12.4min,保留体积为 60mL,注入的$[Ca^{2+}]$=1.0mmol/L,由此计算,体系中 Ca^{2+} 的真实浓度为 0.24mmol/L,即 pCa=3.62。同样的,当注入的 $[Ca^{2+}]$ 分别为 2.0mmol/L 和 5.0mmol/L 时,pCa 的计算值分别为 3.32 和 2.92,接近测量值 3.27 和 2.73。该结果表明,Ca-ISE 对 Ca^{2+} 的响应在 pH 4.4 以上是

正常的。pCa 的突增出现在 pH 4 以下，这源于体系中的 H^+ 增多，大量的 H^+ 渗入 Ca-ISE 膜内使电势增加，并非 Ca^{2+} 浓度的真正减小。很自然地，当 pH 增大时，pCa 的缓降可归因于 Ca-ISE 对 H^+ 响应的逐渐减小的同时对 Ca^{2+} 响应的逐渐恢复。此外，由图 5-9 可以看出，随着加入 $CaCl_2$ 浓度的增大，pCa 曲线中的异常峰逐渐减小，这表明由 pH 变化所引起的 Ca-ISE 对 Ca^{2+} 的异常响应随着 Ca^{2+} 浓度的增大而减弱。也就是说，pH 变化对 Ca-ISE 响应的干扰可被高浓度的 Ca^{2+} 所抑制。该结果与 pH 对 Ca-ISE 响应 Ca^{2+} 的干扰作用可通过提高 Ca^{2+} 浓度而被弱化的事实一致。综上所述，实验中 pCa 的异常响应源于 H^+ 对 Ca-ISE 响应 Ca^{2+} 的干扰，这导致了 Ca^{2+} 浓度较低时电势 mV 值的误读。

比较图 5-7 和图 5-9 可知，图 5-9 中 pCa 曲线中出现的小混沌现象与图 5-7 中类似，pCa 在低 pH 处的变化趋势都与 pH 恰好相反，且图 5-9 中的小混沌随着 pH_{min} 的增大而减小的现象也与图 5-9 类似。在图 5-7 中，当 pH_{min} 增大到 4 时，pCa 曲线的小混沌现象消失了，这与上述结论是一致的。为避免 pH 导致的 mV 误读，溶液的 pH 应该控制在 4~10[10]。基于上述讨论，图 5-7 中 pCa 振荡的小混沌现象应该归因于 Ca-ISE 对 H^+ 的响应而非真正的 $[Ca^{2+}]$。该结论给出了分析 BSF 体系中混沌现象的另一个因素。事实上，类似的结果已有文献报道。例如，在 BSF 体系中引入 $Al(NO_3)_3$ 和 NaF，该体系伴随着 pH 振荡所产生的 $[F^-]$ 振荡中就出现了小混沌现象，但该现象在文献中并未被关注[3]。同样的，$[F^-]$ 振荡曲线中的小混沌也极有可能是 pH 干扰所致。氟离子选择性电极的单晶膜是 EuF_2 掺杂的 LaF_3 晶体，因而膜中存在 LaF_3 晶体中 F^- 迁移留下的阴离子空位。低 pH 时，F^- 容易变成弱酸 HF（$pK_a=3.17$）而使电极不灵敏。

5.5 KCl 对 BSF-CaEDTA 体系 pH 振荡和 Ca^{2+} 振荡的影响

事实上，KCl 并不参与 BSF 体系的反应或 CaEDTA 的络合平衡。然而，如图 5-7(b)、图 5-7(d)、图 5-7(f) 和图 5-7(h) 所示，向 BSF-CaEDTA 体系中加入 0.5mol/L 的 KCl 后可以明显减小 pH 振荡的振幅和周期。KCl 的加入导致体系的离子强度增加，进而引起反应速率（k）增加，导致 pH 振荡周期减小，这可以用"原盐效应"（primary salt effect）解释。对氧化还原反应而言，该效应可用下述方程[12]描述：

$$\log k = \log k_0 + 1.01 Z_A Z_B \sqrt{I} \tag{5-5}$$

式中，Z_A 和 Z_B 代表反应物 A、B 所带电荷数；I 代表离子强度；k_0 代表外推至离子强度为 0 时的反应速率常数。该方程表明反应速率对离子强度的依赖性。带同种电荷的离子之间反应，产生正原盐效应，也就是说，反应速率 k 随 I 的增加而增加；反之，带异种电荷的离子之间反应，产生负原盐效应，即 k 随 I 的增加而降低。据此，BSF 体系的正、负反馈的反应速率皆随 KCl 加入浓度的增加而增加。结果，向 BSF 体系中加入 KCl 不光会缩短 pH 振荡周期，还会减小振幅。最终，当加入 KCl 的浓度达到一定值时，pH 振荡被完全抑制。比较图 5-8(a) 与图 5-8(b)，后者 pH 振幅的减小更显著，这可由上述原理解释。根据方程可以预测，负反馈的反应速率增加应该比正反馈更明显，因为负反馈中 $Fe(CN)_6^{4-}$ 所带电荷更多。然而，从图 5-7(b)、图 5-7(d) 和图 5-7(f) 可以看出，正反馈的反应速率的加快比负反馈更多，这可能要考虑离子的尺寸[13]。$Fe(CN)_6^{4-}$ 的离子直径 (8.8Å) 大于 SO_3^{2-} (4.5Å)[14]，这导致 $Fe(CN)_6^{4-}$ 的实际迁移速率比 SO_3^{2-} 慢，因此，加入 KCl 后 BSF 体系正反馈的反应速率的加快比负反馈更明显。

与图 5-8(a) 相比，图 5-8(b) 中 pCa 振幅曲线上不存在明显的最大值。如前所述，C_{CaEDTA} 的增加引起 pCa 振幅的增大可归因于 Ca^{2+} 源的增加，而 C_{CaEDTA} 的增加使 pCa 振幅的减小则归因于 CaEDTA 对 pH 振荡的缓冲作用。因此，正常情况下 pCa 振幅应该出现最大值，这也与文献报道一致[1]。然而，当体系中有 KCl 存在时[图 5-8(b)]，尽管 CaEDTA 对 pCa 振荡中的类似作用依然存在，但 KCl 的影响也不容忽视。事实上，据报道，CaEDTA 络合物的形成常数也受离子强度的影响[15,16]。通过加入惰性电解质增加离子强度通常会降低络合物的稳定性。对 CaEDTA-BSF 体系而言，CaEDTA 的条件形成常数由于 KCl 的加入而减小，因此参与振荡的 CaEDTA 络合物的实际浓度减小。这意味着有 KCl 存在时，CaEDTA 释放 Ca^{2+} 的能力更强，即 $[Ca^{2+}]$ 增大，这无疑会导致 pCa 振幅降低。因此，C_{CaEDTA} 的增加所引起的 pCa 振幅的增加就被强烈地抑制了。该结果表明，离子强度对 BSF 和 CaEDTA-BSF 体系的影响都不能忽略。

本章研究了 EDTA、CaEDTA 和 KCl 存在时 BSF 体系 pH 振荡，同时研究了 Ca^{2+} 或 CaEDTA 引入 BSF 体系时的 Ca^{2+} 振荡，探究了 Ca^{2+} 振荡中混沌现象的产生原因，获得了不同于文献的解释。得到如下结论：①由于缓冲作用，EDTA 和 CaEDTA 皆会抑制 BSF 体系的 pH 振荡，且缓冲作用会被 CaEDTA 的络合作用加强；②pCa 振荡中的混沌行为容易出现在总钙浓度和 pH 皆较低时，这是由于 H^+ 会干扰 Ca-ISE 对 Ca^{2+} 的响应；③BSF 体系 pH 振荡的振幅和周期可以通过改变离子强度进而改变反应速率的方式而被显著减小；④KCl 的加入会抑制 CaEDTA-BSF 体系 pCa 振荡的振幅，这是由于 KCl 的存在可减小络合物 CaEDTA 的形成常数。本研究结果有助于进一步理解和研究 pH 依赖性的化学平衡与 pH 振荡器的耦联，也为设计金属离子响应型智能材料体系提供了理论支持。值得一提的是，本研究中对 pCa 振荡中特殊混沌现象的研究结果对离子响应型振荡器存在的混沌现象的解释具有普适性，可望打开控制化学振荡中混沌行为的途径。

参 考 文 献

[1] Kurin-Csörgei K, Epstein I R, Orbán M. Periodic pulses of calcium ions in a chemical system. J Phys Chem A, 2006, 110(24): 7588-7592.

[2] Ji L, Wang H Y, Hou X T. Complexation amplified pH oscillation in metal involved systems. J Phys Chem A, 2012, 116(28): 7462-7466.

[3] Kurin-Csörgei K, Epstein I R, Orbán M. Systematic design of chemical oscillators using complexation and precipitation equilibria. Nature, 2005, 433(1): 139-142.

[4] Rábai G, Szántó T G, Kovács K. Temperature-induced route to chaos in the H_2O_2-HSO_3^--$S_2O_3^{2-}$ flow reaction system. J Phys Chem A, 2008, 112(47): 12007-12010.

[5] Kovács K, Leda M, Vanag V K, et al. Small-amplitude and mixed-mode pH oscillations in the bromate-sulfite-ferrocyanide-aluminum (III) system. J Phys Chem A, 2009, 113(1): 146-156.

[6] William F C. Molecular models of EDTA and other chelating agents. J Chem Edu, 2008, 85(9): 1296.

[7] 华中师范大学, 东北师范大学, 陕西师范大学, 等. 分析化学. 第 4 版. 北京: 高等教育出版社. 2011, 205-206, 232.

[8] 吉琳, 张媛媛, 胡文祥, 等. 碘酸盐-亚硫酸盐-亚铁氰化物反应在 CSTR 体系中诱导的钙振荡. 北京理工大学学报, 2009, 29(7): 648-650, 658.

[9] Horváth V, Kurin-Csörgei K, Epstein I R, et al. Oscillatory concentration pulses of some divalent metal ions induced by a redox oscillator. Phys Chem Chem Phys, 2010, 12(6): 1248-1252.

[10] Vance G F, Sikora F J. Selectivity and solubility analysis using ion selective potentiometry: a soil chemistry experiment. J Nat Resour Life Sci Educ, 1997, 26(2): 119-124.

[11] Hassan S K A G, Moody G J, Thomas J D R. Divalent (water hardness) ion-selective electrodes based on poly(vinyl chloride) and poly(methyl acrylate) matrix membranes. Analyst, 1980, 105(1247):

147-153.

[12] Castañeda-Agulló M, del Castillo L M, Whitaker J R, et al. Effect of ionic strength on the kinetics of trypsin and alpha chymotrypsin. J Gen Physiol, 1961, 44(6): 1103-1120.

[13] Vilariño T, Alonso P, Armesto X L, et al. Effect of ionic strength on the kinetics of the oxidation of ascorbic acid by hexacyanoferrate (Ⅲ): comparison between specific interaction theories and the mean spherical approximation. J Chem Res-S, 1998, (9): 558-559.

[14] Kielland J. Individual activity coefficients of ions in aqueous solutions. J Am Chem Soc, 1937, 59(9): 1675-1678.

[15] Giuseppe A, Salvatore M, Roberto P, et al. Calcium- and magnesium-EDTA complexes. Stability constants and their dependence on temperature and ionic strength. Thermochimica Acta, 1983, 61(1): 129-138.

[16] Spencer C P. The chemistry of ethylenediamine tetra-acetic acid in sea water. J Mar Biol Ass UK, 1958, 37(1): 127-144.

第 6 章　pH 振荡的发展前景

自第一个 pH 振荡器报道至今，有关 pH 振荡的研究走过了一段很长的路，在振荡器的组成、机理和应用等方面都取得了较大的进展。未来，pH 振荡的发展方向将会如何呢？Orbán 和 Epstein 等[1]期望未来的研究少一些增加 pH 振荡器种类的工作，更多关注到 pH 振荡的潜在应用方面。本书从当前 pH 振荡研究中存在的问题出发，将其未来的研究发展方向进行了归纳。

化学振荡在分析检测方面的报道众多，主要集中在 B-Z 振荡、铜催化振荡和 B-R 振荡这三类，并未见 pH 振荡在分析检测中应用的报道。通过比较发现，与 B-Z 振荡可发生在封闭体系中不同，pH 振荡必须在 CSTR 条件下发生，而开放体系中待测物一次性进样会导致浓度衰减，但持续进样则需要消耗大量试样，因此用 pH 振荡进行分析检测的难度就增大很多。然而，pH 变化本身普遍存在，这使得 pH 振荡应用于分析检测有更广泛的实际意义。据本课题组的研究，有机、无机的酸碱盐类物质甚至一些缓冲物质，在 CSTR 条件下皆干扰 pH 振荡行为，且与 pH 振荡的振幅或/和周期有一定的线性关系，这为 pH 振荡应用于物质的定量检测提供了基础。若未来能够使 pH 振荡器在封闭反应器中发生规律的 pH 振荡则有望实现将 pH 振荡应用于分析检测的目的。

从以往文献报道和本课题组的研究来看，持续、稳定的 pH 振荡必须发生在 CSTR 条件下，封闭或半封闭反应器中的 pH 振荡则为有限时间内的阻尼振荡。单从研究 pH 振荡诱导元素振荡和驱动化学机械装置的角度讲，需要稳定的 pH 振荡，CSTR 条件即可实现。而真正要将 pH 振荡应用于生命体内时，则需要考虑以下问题：首先，pH 振荡器的振荡范围包含 pH 7，这一点许多 pH 振荡器都可以满足；其次，生物相容性的要求使得 pH 振荡器的化学组成必须满足在使用环境中不发生副反应且无毒性，即 pH 振荡器不被破坏也不毒害生命体；最后也是最重要的，必须在封闭条件下实现振荡，因为生物体不能使用 CSTR 条件。因此，pH 振荡未来应用的关键是寻找、研发封闭的 pH 振荡器或体系，正如经典的 B-Z 振荡一样，在不需要新反应物流入的封闭体系中能够持续振荡较长时间[1]。考虑到快速消耗的 pH 振荡组分的再生问题，Orbán 和 Epstein 等[2]通过构建"两相"封闭体系，成功实现了 BSM、BSF 和 ISF 体系在非 CSTR 条件下的 pH 振荡，其做法是：将关键组分 Na_2SO_3 负载于二氧化硅凝胶层中并置于含有高浓度反应物的反应器底部，凝胶坚硬、对环境惰性、耐强搅拌，可负载高浓度的 Na_2SO_3（大于 2mol/L）并在体系中平稳、缓慢地溶解释出。这种将溶液变成"固相"缓慢释放的方式为实现 pH 振荡在封闭反应器中持续振荡提供了有效的方法。如何能在封闭条件下让 pH 振荡持续更长时间且尽量不衰减，还有待进一步研究。

从应用方面考虑，无论是与其他体系耦联还是用于分析检测，pH 振荡所能达到的最大振幅越大则越有利于调节和控制。在现有 pH 振荡器中，虽然 H_2O_2-$Na_2S_2O_4$ 体系的 pH 振荡的最大振幅可达 6 个 pH 单位（pH 3.5～9.5），但大部分的仅能达到 2～3.5 个 pH 单位的振幅。仅靠改变振荡器组成物质的浓度、流速等条件来增大振幅的能力则很有限，因此，如何增大 pH 振荡的范围以满足更多耦联体系的需求也是未来的一个研究方向。吉琳等[3]通过向 pH 振荡器 H_2O_2-$S_2O_3^{2-}$-Cu^{2+} 中引入适量 EDTA，利用 EDTA 与 Cu^{2+} 的络合作用能够促进负反馈，从而同时增加氧-还电位和 pH 振荡范围，还扩大了产生振荡的流速范围，这为放大核心 pH 振荡器的工作范围提供了一条思路。然而，这是否适用其他 pH 振荡器还有待深入研究。

此外，正如将 B-Z 振荡的催化剂连接到氧化还原反应敏感的高分子上那样，将 pH 振荡器的一种或两种组分共价地连接到体积对 pH 敏感的高分子上的工作也是值得研究的[1,4]。理想的 pH 敏感的凝胶应该能够同步响应 pH 振荡，且应在 pH 振荡范围内体积变化显著。还有如何实现凝胶对 pH 振荡的快速响应同样值得研究，而大孔聚丙烯酸复合凝胶似乎是个不错的选择[5]。

参 考 文 献

[1] Orbán M, Kurin-Csörgei K, Epstein I R. pH-regulated chemical oscillators. Acc Chem Res, 2015, 48(3): 593-601.

[2] Poros E, Horváth V, Kurin-Csörgei K, et al. Generation of pH-oscillations in closed chemical systems: method and applications. J Am Chem Soc, 2011, 133(18): 7174-7179.

[3] Ji L, Wang H Y, Hou X T. Complexation amplified pH oscillation in metal involved systems. J Phys Chem A, 2012, 116(28): 7462-7466.

[4] Yoshida R, Takahashi T, Yamaguchi T, et al. Self-oscillating gel. J Am Chem Soc, 1996, 118(21): 5134-5135.

[5] Bilici C, Karayel S, Demir T T, et al. Self-oscillating pH-responsive cryogels as possible candidates of soft materials for generating mechanical energy. J Appl Polym Sci, 2010, 118(5): 2981-2988.

附录：研究者传记

Miklós Orbán，匈牙利布达佩斯罗兰大学(Lorand Eötvös University, Budapest)分析化学系的名誉教授。他于罗兰大学获得博士学位，于匈牙利科学院获得理学博士学位。他是匈牙利科学院的正式成员，曾获匈牙利科学工作的最高科学技术奖 Szechenyi Prize。他致力于化学振荡反应的设计、产生和机理研究。

Krisztina Kurin-Csörgei，布达佩斯罗兰大学匈牙利分析化学系的副教授。她于布达佩斯森梅威思大学药学院(Semmelweis University, Budapest)获得博士学位，由于在非线性化学领域的成就而获得了 Bolyai Fellowship 和 Richard M. Noyes Scholarship 两项奖。她的研究方向是振荡的化学反应和斑图形成。

Irving R. Epstein，美国布兰代斯大学(Brandeis University，位于马萨诸塞州的沃尔瑟姆市)亨利·菲施巴赫(Henry A. Fischbach)化学教授和霍华德休斯医学研究所(Howard Hughes Medical Institute)教授。他拥有哈佛大学(Harvard University)的化学和物理学学士、化学硕士、化学物理学博士学位和牛津大学(Oxford University)的高等数学文凭，曾获古根海姆奖(Guggenheim Fellowship)和洪堡奖学金(Humboldt Fellowship)，是德雷福斯基金会(Dreyfus Foundation)的教师学者，还是著名期刊 *Chaos* 的副主编。他目前的研究方向是非线性化学动力学，特别是斑图形成、振荡反应、混沌以及复杂网络的行为。

Ryo Yoshida，东京大学材料工程系教授，主要从事 B-Z 反应驱动的自振荡高分子凝胶研究。他于 1993 年获得日本早稻田大学(Waseda University)化学与工程学博士学位，并于同年成为东京女子医科大学(Tokyo Women's Medical University)的研究助理，1994～1997 年在日本国家化学与材料研究所(National Institute of Materials and Chemical Research)做研究员，1997～2000 年在日本筑波大学(University of Tsukuba)做助理教授。2001 年，成为东京大学(University of Tokyo)副教授。2009 年，他获得日本高分子科学学会(Society of Polymer Science)SPSJ 威利奖。

赵学庄，原籍福建省福州市，出生于江苏省南京市，物理化学家与化学教育家。他于 1951 年考入清华大学化学系，1952 年转入北京大学化学系，1955 年大学毕业留校攻读研究生，1956年转学到吉林大学攻读研究生，1959年毕业留吉林大学化学系任教，1963年至今在南开大学化学系任教。他长期从事化学动力学的科研和教学工作，著有《化学反应动力学原理》，在场论中对称性原理的化学应用、非线性化学反应动力学和富勒烯化学等方面取得了丰硕的研究成果。他在国内率先开展了化学振荡反应的研究，对新的化学振荡反应体系和有关化学混沌特性及其控制进行了研究，还对微观化学反应动力学的非线性特征进行了初步研究。

高锦章，山东人，西北师范大学化学化工学院教授、博导。于1956～1961年就读于兰州大学化学系，1961～1984年在西北师范大学化学系任助教和讲师，1985年被破格晋升为教授，1997～2005年曾受聘为中科院兰州化物所和西北工业大学的兼职博士生导师，2002年受聘西北师范大学博士生导师。其研究方向之一为化学振荡现象在分析化学中的应用。

高庆宇，安徽砀山县人，理学博士，现任中国矿业大学教授、博士生导师和应用化学博士点首席教授，2005年教育部新世纪人才培养计划入选者。他于1986年获安徽师范大学化学系理学士学位，1989年获大连理工大学化工学院应用化学专业硕士学位，1989～1993年在安徽医科大学从事化学教学工作，1993～1996年在南开大学攻读物理化学专业博士学位，1996～1997年在美国Stanford大学从事博士后研究工作，1998年至今在中国矿业大学工作，1999年4～10月作为访问学者到美国密苏里哥伦比亚(Missouri-Columbia)大学从事硫化学动力学研究工作。主要从事能源化学、复杂化学反应动力学与软物质的研究。

吉琳，首都师范大学副教授，硕士生导师。1996～2002年在西南石油大学本硕连读，2005年获北京理工大学工学博士学位，2006年入选北京市科技新星，2007年入选北京市优秀人才，2010年入选北京市中青年骨干人才。目前的研究方向为非平衡介观化学反应动力学、细胞信号转导以及斑图动力学的理论研究，已在国内外知名SCI、EI杂志上发表论文30余篇。